青少年零基础创新设计与实践丛书

Danpianji Tuxinghua Biancheng Ji Yingyong

单片机图形化编程及应用

主　编　龙兴明

副主编　郑　霜　周　静

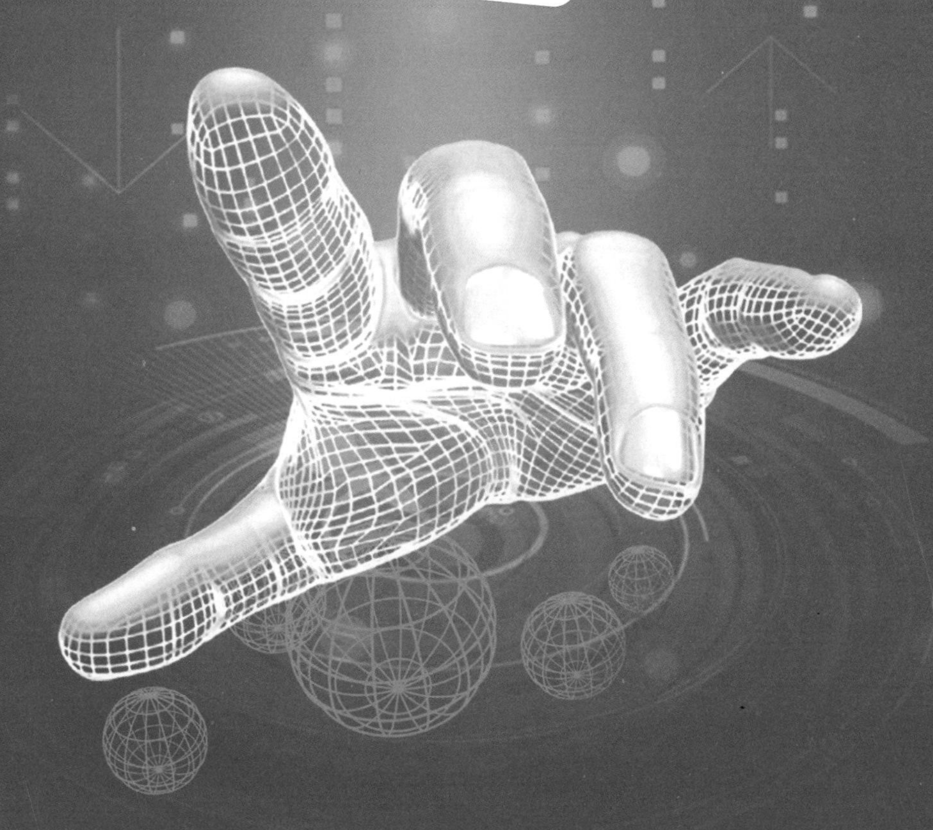

重庆大学出版社

内容提要

本书以 Modkit 为软件平台，以 MSP430 单片机和各类传感器为硬件设备，以创新实践项目为载体，把抽象的计算思维具体化，把复杂的人工智能编程形象化。

本书共分为 7 章，主要涵盖以下内容：①单片机图形化编程简介；②软硬件开发环境；③ Modkit 图形化编程软件及 MSP430 单片机的编程方法；④常用的力、热、声、光、磁等传感器及应用；⑤基于柔性电路板的电子艺术创作；⑥ MSP430 单片机小车硬件制作；⑦基于 MSP430 单片机小车的无人驾驶实践项目，包括循迹、避障、跟踪等。

本书既可作为中小学人工智能入门与创新综合实践的参考教材，也可作为电子信息类大专院校一年级学生的启蒙教材或实训案例。

图书在版编目(CIP)数据

单片机图形化编程及应用 / 龙兴明主编. --重庆：重庆大学出版社,2020.6

ISBN 978-7-5689-2187-9

Ⅰ.①单… Ⅱ.①龙… Ⅲ.①单片微型计算机—程序设计 Ⅳ.①TP368.1

中国版本图书馆CIP数据核字（2020）第089657号

单片机图形化编程及应用

主　编　龙兴明

副主编　郑　霜　周　静

策划编辑：鲁　黎

责任编辑：文　鹏　　版式设计：鲁　黎

责任校对：谢　芳　　责任印刷：张　策

*

重庆大学出版社出版发行

出版人:饶帮华

社址：重庆市沙坪坝区大学城西路21号

邮编:401331

电话：（023） 88617190　88617185（中小学）

传真：（023） 88617186　88617166

网址：http://www.cqup.com.cn

邮箱：fxk@cqup.com.cn（营销中心）

全国新华书店经销

重庆共创印务有限公司印刷

*

开本：787mm×1092mm　1/16　印张：10.5　字数：244千

2020年6月第1版　2020年6月第1次印刷

ISBN 978-7-5689-2187-9　定价：35.00元

序

人工智能作为引领未来的战略性新兴技术，正在积极地影响着社会的方方面面，也将深刻改变我们的生产生活方式。2017 年国务院印发的《新一代人工智能发展规划》明确指出人工智能已成为国际竞争的新焦点，我国应逐步开展全民智能教育项目，在中小学阶段设置人工智能相关课程，逐步推广编程教育，建设人工智能学科。2018 年教育部印发《教育信息化 2.0 行动计划》，明确要求要完善课程方案和课程标准，使中小学人工智能和编程课程内容能充分适应信息时代、智能时代发展需要。

从当前的实际情况来看，中小学的人工智能教育主要依托编程教育和机器人教育来开展。编程教育多停留在指导学生利用程序设计语言完成具体的编程题目。机器人教育多停留在简单的实体安装层次，在设计思维能力培养方面并没有发挥机器人教育的自身优势。现阶段中小学生在学习过程中大多以参加竞赛、提升编程技能为目的；人工智能教育的教材大多属于产品说明书或用户指南类，缺少对学生思维能力培养的科学引导。总体来说，目前，社会各界对发展人工智能教育的重要性已经广泛达成共识，但人工智能教育本身还处于初级阶段，面临的挑战还很多。

新一轮课改将我国基础教育的总目标落实到“学生发展核心素养”。其中，信息意识、计算思维、数字化实践能力、信息社会责任是学生需具备的四个信息技术方面的核心素养。在中小学开设人工智能相关课程，可以提升学生的人工智能认知、思维及创新能力，进而提升素质。开展中小学人工智能教育，应根据各个学校学生的学习能力、知识掌握水平、创新思维等综合因素，科学地组织教学内容体系，分层次地设计适合各个学段的课程内容，从认知、体验、理解到应用，逐步加深学生对人工智能相关知识的掌握。

本书聚焦人工智能前沿技术，把握人工智能技术特点，结合小学生、初中学生、高中学生的知识储备情况和生活学习环境情况，调整技术难度，进行合理设计，从人工智能技术感知、体验应用、图形化编程以及科技小发明等方面展开，打造多层次的、逐级递进、全程贯通式的人工智能教育课程体系，覆盖从低龄儿童到青少年学生的人工智能学习需求。

前言

图形化编程是近年来流行的一种程序设计方式，它降低了程序设计的门槛，使普通人经过短暂训练就可以完成专业的程序设计工作。这一改变，让许多非专业程序人员可以轻松地学习编程，同时也使得智能化设备得以普及。图形化编程方式还降低了学生学习程序设计的年龄，使许多适合中小学生使用的图形化编程软件广受欢迎。学生不仅可以使用这些软件制作自己的作品，更重要的是可以获得编程方法与思维能力的训练，提升人工智能认知、思维及创新能力。

MSP430 单片机因其高性能、低成本、低功耗等特点，广受大众欢迎。Modkit 是一款适合学生使用的图形化编程软件，学生可以利用这一软件，通过简单的图形化编程，对 MSP430 单片机进行控制，实现相应功能。本书从教学的角度出发，以 MSP430 单片机硬件为硬件基础，以 Modkit 为软件编程平台（提供 C 语言源程序），实现单片机图形化编程及应用。本书较系统、全面地介绍了 MSP430 单片机的基本知识与基本应用，Modkit 环境中的编程与调试，小车硬件的制作与测试等内容，是一本注重原理与应用、兼顾理论的教程。本书通俗易懂、条理清晰、重点突出、实例丰富，符合当前人工智能编程课程的教学要求。

人工智能教育并非精英教育，应普及所有学生。编程软件作为一种工具，只有与实际硬件相结合，才能发挥它应有的作用。基于这种考虑，本书的编写注重让学生通过自制硬件平台，使用图形化编程软件编程，实现一定的功能，从而获得人工智能的体验，使学生通过学习产生探索的兴趣，并培养深入学习的能力。

本书由重庆师范大学龙兴明教授组织编写，并提供所用的各种设备和软件，重庆育才中学校郑霜老师、重庆大学周静老师等参与本书的内容编写以及整理工作。感谢重庆市“三特”与“一流”专业——电子信息科学与技术建设项目、重庆市高等教育教学改革研究项目（项目编号：183039）、重庆市沙坪坝区科学技术协会、重庆师范大学2019年教材建设项目等的资助。

由于编者水平有限，书中难免存在疏漏和不足，恳请广大读者指正，在此表示衷心的感谢。

龙兴明

2020年1月于重庆师范大学

目录

第 1 章

单片机的可视化编程

内容概述：

本章简单介绍单片机的定义、发展历史，单片机的类型及优缺点，单片机编程流程及常用语言，单片机的可视化编程软件及其类型；主要介绍单片机可视化编程工具软件 Modkit。

教学目标：

- 了解单片机的特点；
- 了解单片机可视化编程技术；
- 初步了解可视化编程软件 Modkit。

1.1 单片机及编程

1.1.1 单片机及其发展概况

1）单片机与人工智能

单片机（Single-Chip Micro-Controller）是采用超大规模集成电路技术把具有数据处理能力的中央处理器（CPU）、随机存储器（RAM）、只读存储器（ROM）、多种输入 / 输出（I/O）口和中断系统、定时器 / 计数器等主要计算机部件集成到一块硅片上构成的一个小而完善的微型计算机系统，在人工智能、现代农业、现代教育、智能交通、健康产业等领域得到广泛应用。

概括地讲，人工智能设备具备模拟、延伸和拓展人的基本功能要素的能力，包括：听懂、看懂、能动、会说、会思考。单片机就相当于各种智能设备的“大脑”，它的体积小、质量轻、价格便宜，为青少年开展“人工智能 +（Artificial Intelligence：AI+）”的学习、应用和开发提供了便利条件。

而单片机这个“大脑”可以通过各种传感器感知外部信息（听、看等），同时控制各种执行机构完成各种行为（能动、会说），在此过程中单片机通过编程实现计算、比较等思考功能。因此，单片机、外部传感器和执行单元，及其相应的编程技术是基于单片机的 AI 应用系统开发的软硬件平台，也是青少年开展“AI+”实践的智能硬件和软件两个支架。

2）单片机的发展

单片机诞生于 20 世纪 70 年代，大体经历了 SCM、MCU、SoC 三个阶段。

① SCM（Single Chip Microcomputer）即单片微型计算机阶段，主要是寻求最佳的单片形态的嵌入式系统体系结构。在开创嵌入式系统独立发展道路上，Intel 公司功不可没。“创新模式”获得成功，奠定了 SCM 与通用计算机完全不同的发展道路。这一阶段最具有代表性的产品是 Intel 公司的 8 位 MCS-51 系列单片机。

② MCU（Micro Controller Unit）即微控制器阶段，主要的技术发展方向是：不断扩展满足嵌入式应用时对象系统要求的各种外围电路与接口电路，突显其对象的智能化控制能力。它所涉及的领域都与对象系统相关，因此，发展 MCU 的重任不可避免地落在电气、电子技术厂家。在发展 MCU 方面，最著名的厂家当数 Philips 公司。Philips 公司以其在嵌入式应用方面的巨大优势，将 MCS-51 从单片微型计算机迅速发展到微控制器。

③ SoC（System on Chip）即片上系统（或系统级芯片）阶段，其主要技术发展方向是：寻求应用系统在芯片上的最大化解决方案。作为产品，SoC 是一个有专用目标的集成电路，包含完整系统并有嵌入软件的全部内容。随着微电子技术、IC 设计、EDA 工具的发展，基于 SoC 的单片机应用系统设计会有较大的发展。

因此，单片机的发展可以理解为从单片微型计算机、单片微控制器延伸到单片应用系统的过程。

3）编程

编程是编写程序的中文简称。在开发智能设备时，为了使单片机能够理解人的意图，人类就必须将解决问题的思路、方法和手段通过单片机能够理解的形式告诉单片机，使得单片机能够根据人的指令一步一步去工作，完成特定的任务。这种人和单片机体系之间交流的过程就是编程。

1.1.2 常用单片机的类型及特点

单片机应用领域很多，手机、计算器、家用电器、电子玩具以及鼠标等电脑配件中都配有单片机。单片机从不同角度进行分类，大致可分为如下几类：

①按照通用性可分为通用型和专用型；

②按照总线结构可分为总线型和非总线型；

③按照应用领域可分为家电类、工控类、通信类、个人信号终端类等；

④按照单片机数据总线位数可分为 4 位、8 位、16 位、32 位单片机。

目前，生产单片机的厂商主要有 Intel 公司、TI 公司、Philips 公司、Atmel 公司、Winbond 公司、Microchip 公司、AMD 公司、Zilog 公司等，产品型号规格众多，性能各具特色。下面介绍几种常用的单片机系列，见表 1.1。

表 1.1　常用的单片机系列及其特点

单片机类型	单片机图片	最低成本(元)	配　置	供　电	特　点
51 系列单片机 （典型型号 8051/80C51）		8.81	·8 位 CPU ·AD/DA 转换	2.7~6 V	常规应用 经典芯片
PIC 系列单片机 PIC12C508A04P		7.9	·8 位 CPU	2.5~5.5 V	工业控制 领域
AVR 系列单片机 ATmega8		19.05	·8 位 CPU ·ADC 分辨率 10 位	4.5~5.5 V	价格偏高
STC 系列单片机 STC15W401AS		3.84	·8 位 CPU	2.5~5.5 V	超强抗干扰 能力，无法解密
Freescale 系列单片机 MC9S12XS128MAL		27	·16 位 CPU ·ADC 分辨率 12 位	2.5~5 V	汽车电子 等领域
MSP430 系列单片机 MSP430F1101A		8.8	·16 位 CPU	1.8~3.6 V	电池供电便 携式应用
STM32 系列单片机 STM32F030F4P6		3.78	·32 位 CPU	2.4~3.6 V	高性能、低成本 的嵌入式应用

1.1.3 单片机编程的流程及语言

1）单片机程序设计规范

程序是指令的集合，当用单片机求解某些问题时，必须按工作要求编排指令序列，这一过程称为程序设计。程序设计是软件开发工作的重要部分，是工程性的工作，所以要有规范。

程序设计往往以某种程序设计语言为工具，过程大致可分为 6 步：

①分析问题，确定问题的数学模型。接到一个单片机项目设计文件之后，应进行全面分析，将解决问题所需要的条件、原始数据、输入和输出信息理清楚，并找出解决问题的规律，归纳出数学模型。

②确定符合单片机运算的算法。计算机算法比较灵活，一般要优先选取逻辑简单、运算速度快、精度高的算法，还要考虑编程简单、占用内存少的算法。

③绘制流程图。流程图是使用图形表示算法思路的一种方法，能直观地表示解决问题的过程和先后顺序，对后续程序编写起到一个指导作用。

④分配内存单元。原始数据、运行中的中间数据及结果等都需要存放在指定的存储单元中，这就需要确定程序中的数据（包括工作单元的数量），并为其分配存储单元。

⑤按流程图编写程序。

⑥调试程序。程序调试是为了修改错误，这是一项熟能生巧的重要工作。一般来说，程序的调试需要一定技巧，一个程序需要经过多次修改才能成功。

2）程序流程图

程序流程图又称程序框图，用统一规定的标准符号描述程序运行具体步骤的图形表示。程序流程图的设计，通过对输入输出数据和处理过程的分析，将单片机的主要运行步骤和内容用图形表示出来，是进行程序设计的最基本依据，直接关系到程序设计的质量。

不论什么程序设计语言，程序设计都有 3 种基本结构：顺序结构、选择结构和循环结构。三种基本结构的特点：一个入口，一个出口，不出现死循环和死语句。构成流程图的图形符号及其作用见表 1.2。

表 1.2 流程图的图形符号及其作用

程序框	名 称	功 能
	起始框、终端框	表示一个算法的起始和结束，是任何流程图必不可少的。
	输入、输出框	表示一个算法输入和输出的信息，可用在算法中任何需要输入、输出的位置。

续表

程序框	名　称	功　能
▭	处理框、执行框	赋值、计算，算法中处理数据需要的算式、公式等分别写在不同的、用以处理数据的处理框内。
◇	判断框	判断某一条件是否成立，成立时在出口处标明“是”或“Y”；不成立时标明“否”或“N”。
↓↓	流程线	带箭头的连线，连接程序框。
○	连接点	连接程序框图的两部分。

3）单片机编程语言

（1）机器语言

机器语言（Machine Language）是用二进制代码表示的微处理器能直接识别和执行的一种机器指令的集合。它是设计者通过硬件结构赋予单片机的操作功能。机器语言具有灵活、直接执行和速度快等特点。一条指令就是机器语言的一个语句，它是一组有意义的二进制代码。指令的基本格式包含操作码字段和地址码字段，其中，操作码指明了指令的操作性质及功能，地址码则给出了操作数或操作数的地址。

用机器语言编写程序，编程人员首先要熟记所用的全部指令代码和代码的涵义。着手编写程序时，程序员得自己处理每条指令和每一数据的存储分配和输入输出，还得记住编程过程中每步所使用的工作单元处在何种状态，这是一件十分繁琐的工作，编写程序花费的时间往往是实际运行时间的几十倍或几百倍。而且，编出的程序全是 0 和 1 组成的指令代码，可读性差，容易出错。除了生产厂家的专业人员外，绝大多数的程序员已不再学习机器语言。

（2）汇编语言

汇编语言（Assembly Language）是一种用于电子计算机、微处理器、微控制器或其他可编程器件的低级语言，亦称为符号语言。在汇编语言中，用助记符（Mnemonics）代替机器指令的操作码，用地址符号（Symbol）或标号（Label）代替指令或操作数的地址。在不同设备中，汇编语言对应着不同的机器语言指令集，通过汇编过程把汇编语言程序转换成机器指令。一般来说，特定的汇编语言和特定的机器语言指令集是一一对应的，不同平台之间不可直接移植。

在实际应用中，汇编语言通常被应用在底层，以及硬件操作和高要求的程序优化的场合，比如驱动程序、嵌入式操作系统和实时运行程序等。

（3）高级语言

相对于机器语言而言，高级语言（High-level Programming Language）是一种指令集的体系，是CPU可直接解读的数据，是高度封装了的编程语言。它以人类的日常语言为基础，使用一般人易于接受的文字来表示（例如汉字、不规则英文或其他外语），从而使程序编写员更容易编写，也有较高的可读性。由于早期发展主要集中在美国，一般的高级语言都是以英语为蓝本。

高级语言并不特指某一种具体的语言，而是包括很多种编程语言，比如流行的Java，C，C++，C#，Pascal，Python，Lisp，Prolog，FoxPro等；这些语言的语法、命令格式都不相同，常见的编程语言及其用途见表1.3。

表1.3 常用的编程语言及其用途

编程语言	主要用途
C/C++	C++是在C语言的基础上发展起来的，C++包含了C语言的所有内容，C语言是C++的一个部分，它们往往混合在一起使用，所以统称为C/C++。C/C++主要用于PC软件开发、Linux开发、游戏开发、单片机和嵌入式系统。
Java	Java是一种通用型语言，可以用于网站后台开发、Android开发、PC软件开发，近年来又涉足大数据领域（归功于Hadoop框架的流行）。
C#	C#是微软开发的用来对抗Java的一门语言，其实现机制和Java类似，不过C#显然失败了，目前主要用于Windows平台的软件开发，以及少量的网站后台开发。
Python	Python也是一门通用型的语言，主要用于系统运维、网站后台开发、数据分析、人工智能、云计算等领域，近年来势头强劲，增长非常快。
PHP	PHP是一门专用型语言，主要用来开发网站后台程序。
JavaScript	JavaScript最初只能用于网站前端开发，而且是前端开发的唯一语言，没有可替代性。近年来由于Node.js的流行，JavaScript在网站后台开发中也占有了一席之地，并且在迅速增长。
Go语言	Go语言是2009年由Google发布的一款编程语言，成长非常迅速，在国内外已经有大量的应用。Go语言主要用于服务器端的编程，对C/C++、Java都形成了不小的挑战。
Objective-C Swift	Objective-C和Swift都只能用于苹果产品的开发，包括Mac、MacBook、iPhone、iPad、iWatch等。
汇编语言	汇编语言是计算机发展初期的一门语言，它的执行效率非常高，但是开发效率非常低，所以在常见的应用程序开发中不会使用汇编语言，只有在对效率和实用性要求极高的关键模块才会考虑到汇编语言，例如操作系统内核、驱动、仪器仪表、工业控制等。

1.2 单片机的可视化编程

可视化编程（Visual Programming），以“所见即所得”的编程思想为原则，力图实现编程工作的可视化，即随时可以看到结果，程序与结果的调整同步在计算中。可视化编程语言(Visual Programming Language：VPL）可以是任何编程语言，它允许用户通过图形化操作程序元素而不是通过文本编写来创建程序。VPL 允许使用视觉表达式（即文本和图形符号的空间排列）进行编程，比如，许多 VPL 采用“框和箭头”的概念编写程序，其中框或其他对象被视为实体，通过表示关系的箭头连接。

可视化编程语言的特点主要表现在两个方面：一是基于面向对象的思想，引入了控件的概念和事件驱动；二是程序开发过程一般遵循以下步骤，即先进行界面的绘制工作，再基于事件驱动编写程序，以完成相应功能或响应鼠标、键盘的各种动作等。与传统的编程方式相比，可视化编程无须编写指令代码，仅通过直观的操作方式完成程序设计工作，对青少年而言，是目前最友好的应用程序开发工具之一。

1.2.1　可视化编程的软件及其类型

现有的可视化编程语言，不仅仅是语言本身，还是一个成熟的集成开发环境（IDE），根据使用许可被分为两类，即开源平台和专有平台。开源平台（Open Source Platforms），具备可以免费使用和公布源代码的主要特征，并且此软件的使用、修改和分享也不受许可证的限制。而专有平台（Proprietary Platforms），则不能随意进行更改，具有保密性，只有公司的开发者才能进行更改。下面主要介绍几种常见软件平台。

1）专有平台

（1）DGLux5

DGLux5 是一个应用程序开发和可视化工作区，用于开发物联网应用程序。它可以在 HTML5 浏览器中访问，并且可以部署在 Windows、IOS 和 Android 设备上，具有较强的灵活性。它利用灵活的部署选项 (硬件平台)、定制图表和 DGLux 工程许可下的实时可视化工具，提供个性化的交互。但 DGLux5 的使用有一定的难度，而且它是付费的，月订阅需要至少一年的承诺以及自动支付，不适用于一般用户。DGLux5 编程界面如图 1.1 所示。

（2）AT&T Flow

AT&T Flow 是一个直观的可视化工具，允许物联网开发人员创建原型，通过多个版本进行迭代和改进，然后部署应用程序。它提供了一个已预先配置的名为“节点”的特殊包含，允许无缝流畅地访问多个数据源、通信方法、云服务以及设备配置文件。因此，它缩短了业务开发过程中投放市场的时间。它支持多个第三方商业平台 /APIs(例如，Twilio 和 SMTP push) 在 GNU 通用公共许可证 v3(GPL3) 下，用户和应用程序之间可进行实时数据聚合和通信，其编程界面如图 1.2 所示。

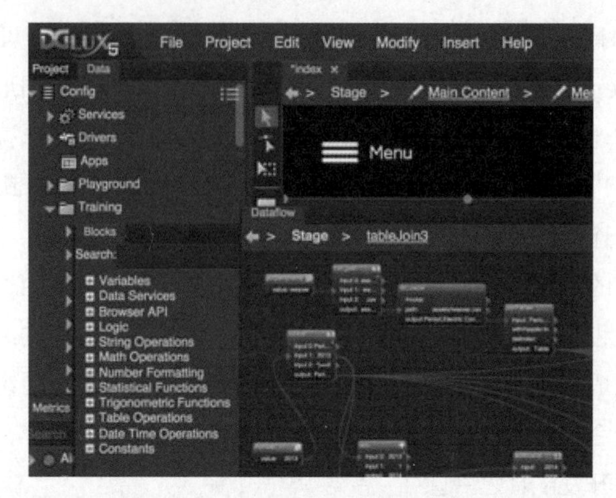

图 1.1　GLux5 编程界面

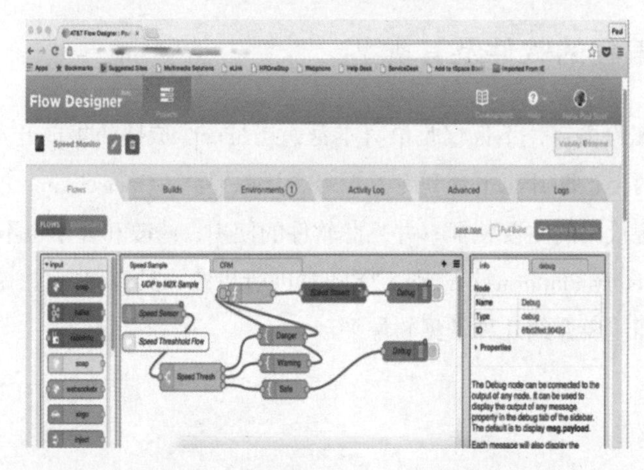

图 1.2　AT&T Flow Designer 编程界面

（3）Reactive Blocks

Reactive Blocks 是一个可视化的模型驱动开发环境，支持形式化模型分析、自动代码生成、分层建模，其编程界面如图 1.3 所示。它还提供了内置 Java 库，以便开发人员可以图形化地创建可重用的复杂物联网应用。

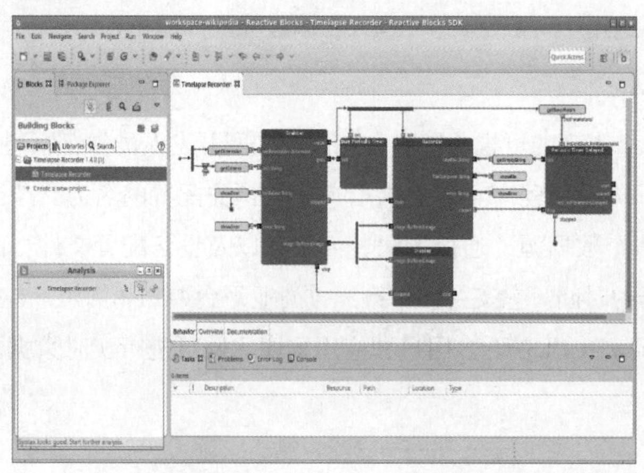

图 1.3　Reactive Blocks 编程界面

（4）GraspIO

它能够支持 USR-WiFi 232-G 模块提供标准的无线通信，在 BSD 许可下通过连接 3 个模拟 / 数字输入、11 个触点、超声波和 GP2D 端口作为传感器，2 个直流电机端口和 8 个伺服端口作为执行器，其编程界面如图 1.4 所示。

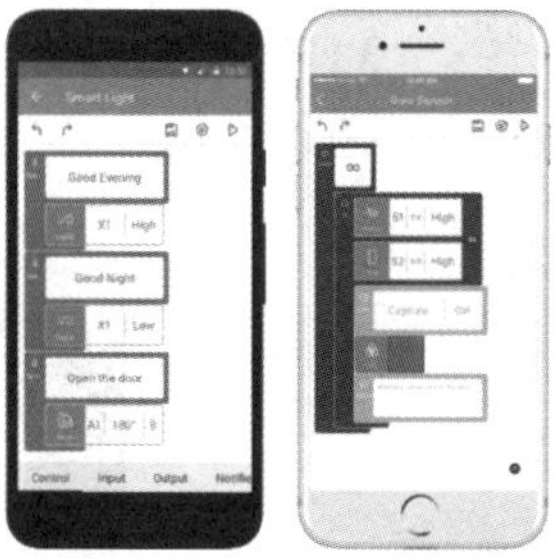

图 1.4　GraspIO 编程界面

2）开源平台

（1）Node-RED

Node-RED 最初是 IBM 在 2013 年末开发的一个开源项目，以满足快速连接硬件和设备到 Web 服务和其他软件的需求——作为物联网的一种粘合剂，它很快发展成为一种通用的物联网编程工具。

Node-RED 作为构建物联网 (Internet of Things) 应用程序的一个强大工具，其重点是简化代码块的“连接”以执行任务。它使用可视化编程方法，允许开发人员将预定义的代码块或“节点”（Node）连接起来执行任务。连接的节点，通常是输入节点、处理节点和输出节点的组合，当它们连接在一起时，构成一个“流”(Flows)。其编程界面如图 1.5 所示。

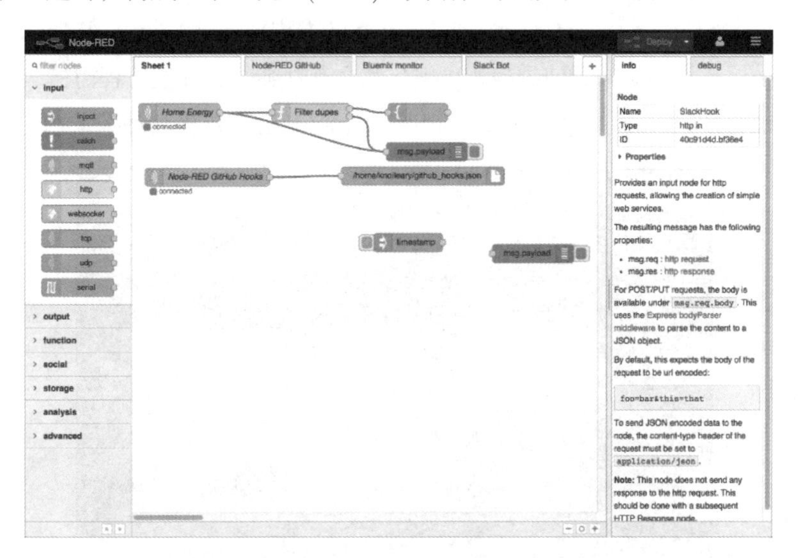

图 1.5　Node-RED 编程界面

（2）NETLab Toolkit

NTK(NetLab Toolkit) 是一个为设计师、开发者、制造者、研究人员、学生设计和构建物联网项目的可视化创作系统，它将传感器、执行器、媒体和网络与拖放智能小部件连接起来。概念可以快速原型化，通过在硬件中绘制草图和构建连接的系统来鼓励迭代、实验和测试。

NTK 与原来的 Arduino 和较新的 Linux 嵌入式系统 (如 Intel 公司的 Edison 和 Raspberry Pi) 兼容，而且 NTK 可以很容易地适应新事物。代码小部件允许用户轻松添加自定义 JavaScript 代码段。有了更多的专业知识，用户可以创建自己的、可重用的小部件。NETLab Toolkit 编程界面如图 1.6 所示。

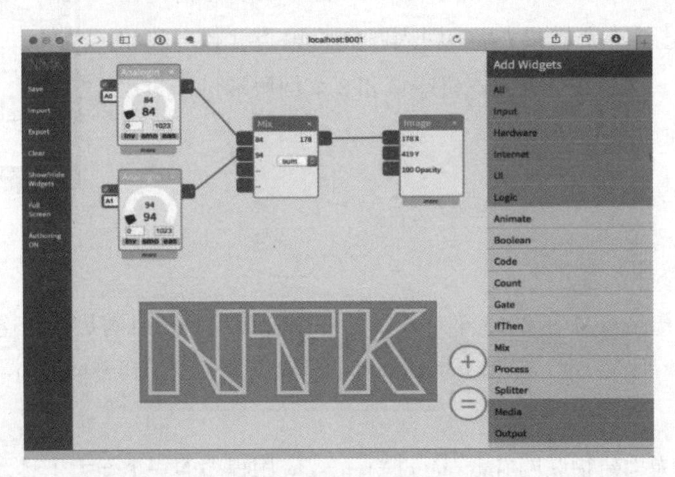

图 1.6　NetLab Toolkit 编程界面

（3）ArduBlock

ArduBlock 软件是 Arduino 官方编程环境的第三方软件，由上海新车间创客开发，目前必须依附于 Arduino 软件下运行。区别于 Arduino 文本式编程环境，ArduBlock 是以图形化积木搭建的方式编程的，这样的方式会使编程的可视化和交互性加强，降低编程门槛，即使没有编程经验的人也可以尝试给 Arduino 控制器编写程序。ArduBlock 编程界面如图 1.7 所示。

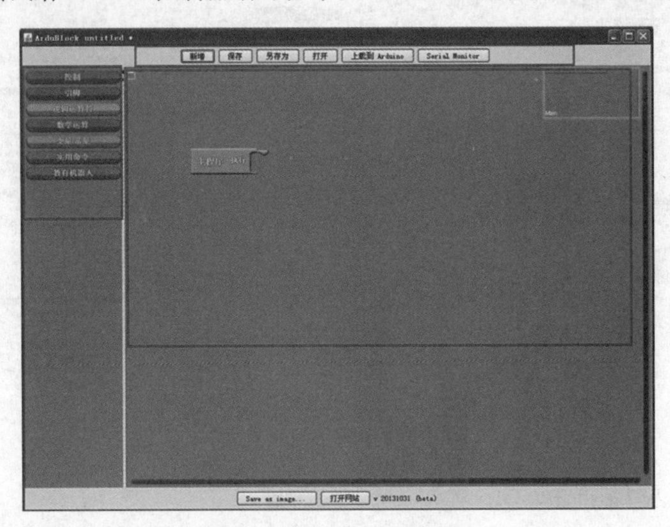

图 1.7　ArduBlock 编程界面

（4）Scratch for Android (S4A)

S4A（Scratch for Android）是一款由西班牙 Citilab 团队在 Scratch 基础上开发而成的软件，它趣味性强，能够与 Arduino 开源硬件相结合。Scratch 和 Arduino 两者易学易用的理念，使 S4A 成为针对中小学生实现软件和硬件相结合进行互动设计的最佳工具之一，但软硬件开放性不够。S4A 编程界面如图 1.8 所示。

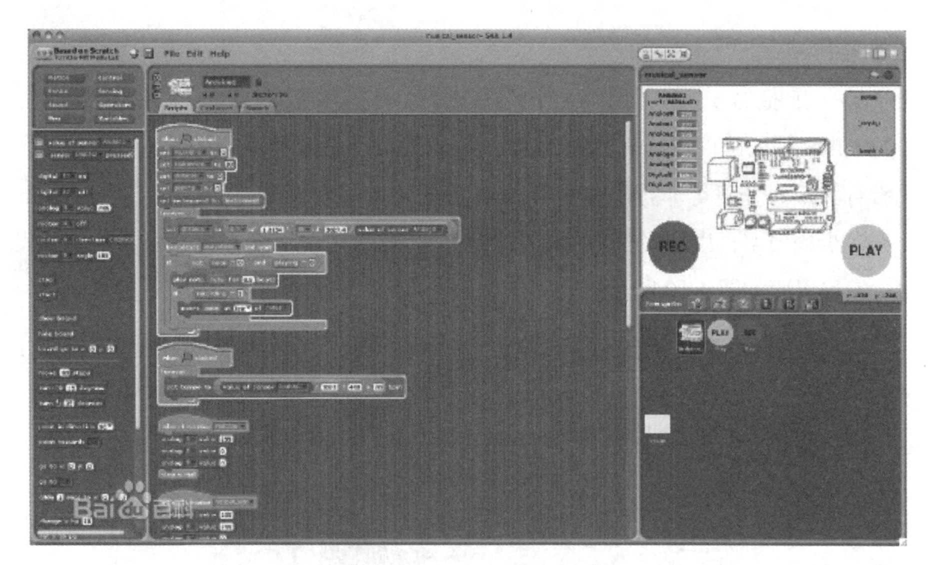

图 1.8　S4A 编程界面

（5）MiniBloq

MiniBloq 是一款图形编程软件，上手简单，是编程 Multiplo 开源机器人的理想工具，可以作为机器人学和编程的入门。Minibloq 可以帮助用户在不使用代码的情况下开发新的产品，其实很多人机交互方案都是可以通过图形化编辑创建项目的，不需要使用复杂的函数，不需要使用复杂的脚本，通过内置的图形界面就可以快速建立开发框架，并且在构建逻辑方面也是非常高效的，对于设计人机设计以及数控设备非常有帮助；Minibloq 是可以自动显示逻辑命令的，图形化的编程命令可以在软件右侧自动显示，方便分析代码是否正确。MiniBloq 也支持其他很多开源开发平台，如 Arduino，Seeeduino，Pi-Bot，Sparki 等。它的编程界面如图 1.9 所示。

图 1.9　MiniBloq 编程界面

（6）Modkit

Modkit 是一个拖放式可视化编程语言平台，主要用于流行的微控制器编程，包括 Arduino，littleBits，Particle Photon，MSP430，Tiva Claunch pad 和 Wiring S。它旨在使艺术家、设计师、教育人员、儿童等非程序员更容易地制作交互式电子项目。它还支持 Scratch 之类的事件驱动和多线程模型，以便轻松地构建大量相关产品，使学习编程更轻松，培养开发逻辑思维。Modkit 编程界面如图 1.10 所示。

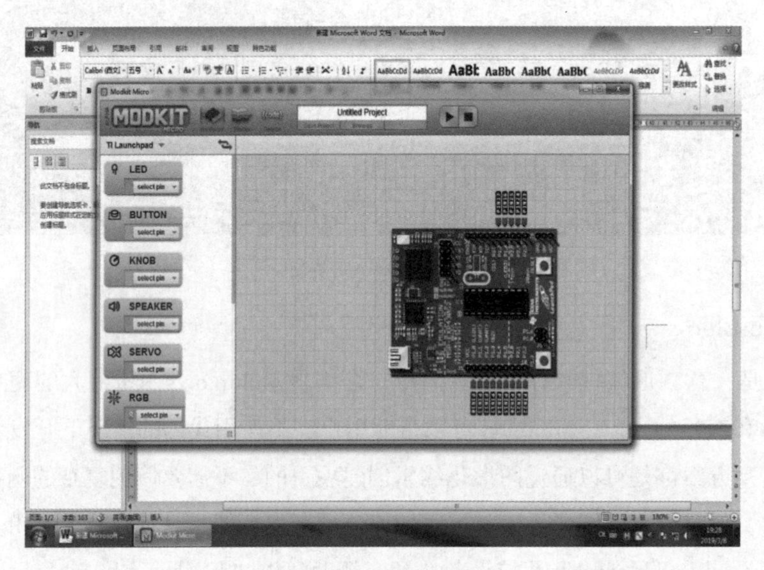

图 1.10　Modkit 编程界面

1.2.2　Modkit 与 MSP430 的有机结合

可视化编程与传统语言编程主要区别就是可视化编程能实现“所见即所得”，可视化程序设计使设计人员可以不用编写或只需编写很少的程序代码，就能完成应用程序的设计，这样就能极大地提高设计人员的工作效率。

本书选用 Modkit 编程工具软件和 MSP430 单片机作为青少年“AI+”创新实践的软硬件平台，开展创新设计活动，这套系统具备如下优良的特性。

首先，Modkit 是一款拖放式可视化编程软件，支持多种流行的微控制器编程，包括 Arduino，littleBits，Particle Photon，MSP430，Tiva C launch pad 和 Wiring S。而且，它是一个开源平台，对所有学习者免费。

其次，MSP430 单片机具有成本低、超低功耗、宽电压供电等特点，特别适用于电池供电的便携式智能电子信息系统开发，有利于规避青少年进行创新实践过程中的安全隐患；MSP430 单片机采用精简指令集 (RISC) 结构，具有丰富的寻址方式和强大的处理能力；运算速度方面，能在 8MHz 晶体的驱动下，实现 125 ns 的指令周期；16 位的数据宽度、125 ns 的指令周期以及多功能的硬件乘法器 (能实现乘加) 相配合，能实现数字信号处理的常用算法；较容易实现扩展应用。

综上，Modkit 软件支持 MSP430 单片机编程，选择 Modkit 开源软件作为 MSP430 单片机的可视化编程工具，有利于降低成本、提高系统开发的灵活性和可操作性，易于在青少年“AI+”创新实践活动中推广应用。

1.3　练习与思考

硬件与软件作为现代人工智能系统的两大重要支柱，当前，硬件与软件种类丰富，请结合网络搜索引擎如 Baidu，谈谈“如何选取现有软硬件资源，参与人工智能 + 创新实践活动”。

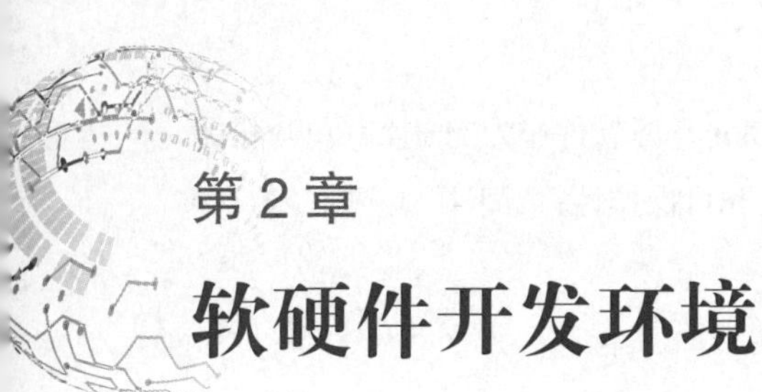

第 2 章

软硬件开发环境

内容概述：

本章主要介绍图形化编程软件 Modkit 的安装及系统配置，MSP430 单片机开发板的功能、输入 / 输出端口、A/D 和 D/A 转换以及外围供电、时钟和复位电路，简单介绍 MSP430 单片机和 Modkit 软件的图形化编程原理及方法。

教学目标：

- 学会安装 Modkit 软件开发平台，掌握 MSP430 单片机的配置方法；
- 了解 MSP430 开发板的硬件资源；
- 通过 Modkit 快速入门实例初步理解针对 MSP430 单片机的图形化编程原理及方法。

2.1 Modkit 开发软件

Modkit 是一个开源免费的、适用于单片机可视化编程的开发环境，包括 MSP430 驱动软件和两个应用软件：硬件管理与开发环境。Modkit 提供了所有基础的编程指令，如循环和条件语句等，以“块”的方式呈现，是一个可自由拖拽的全新图形化编程环境，使学习编程成为一项轻松的任务。

2.1.1 系统要求

操作系统：Windows XP、32 位 Windows 7，具有 USB 接口。

2.1.2 软件安装

在本地计算机上配置和安装 Modkit 开发环境，相应的程序图标如图 2.1 所示。

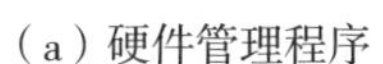

（a）硬件管理程序　（b）软件开发程序　（c）驱动程序

图 2.1　软件和驱动程序

□硬件管理程序：Modkit Link.exe；

□软件开发程序：Modkit Micro.exe；

□驱动程序：ti_msp430driver_setup_1.0.1.0.exe。

下面以 Windows 7 系统为例，讲解安装配置 Modkit 开发软件的具体步骤和方法。

步骤 1：安装 MSP430 驱动程序。

首先，安装 MSP430 驱动程序。双击如图 2.1（c）所示驱动程序图标，进入驱动程序安装界面，按照图 2.2（a）、（b）、（c）、（d）、（e）、（f）的安装提示完成驱动安装。如图 2.2（b）中所示步骤，选择“I accept the agreement（我接受协议）”，鼠标左键单击“next”，开始安装驱动程序；如图 2.2（e）所示，选择安装 MSP430 USB driver。

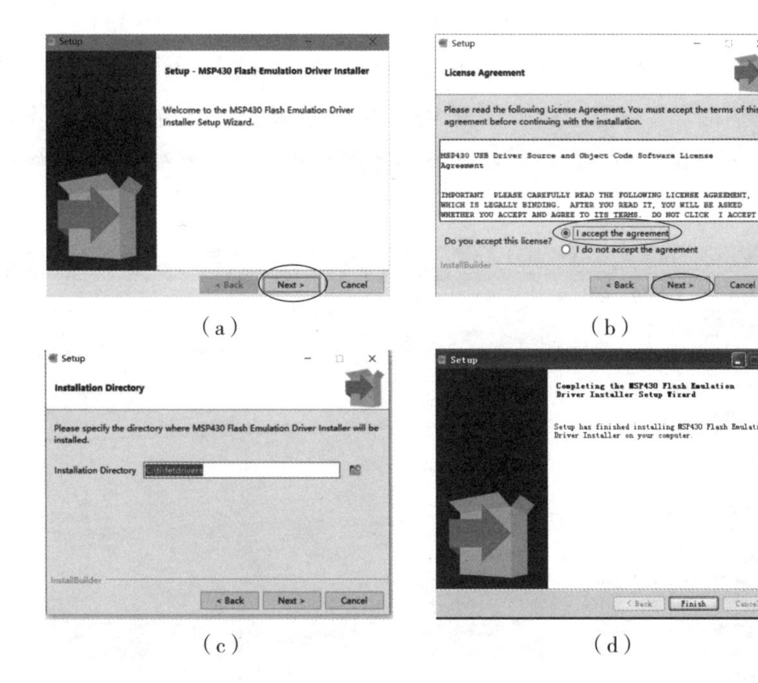

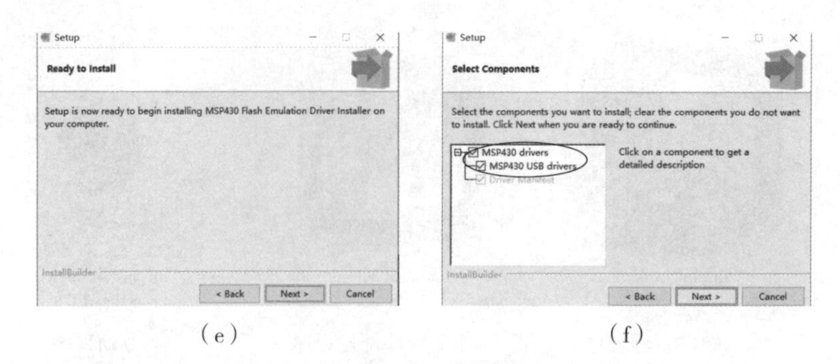

(e)　　(f)

图 2.2　驱动程序安装过程

然后，通过 USB 口把 MSP430 开发板与安装了驱动的电脑相连，如图 2.3 所示。

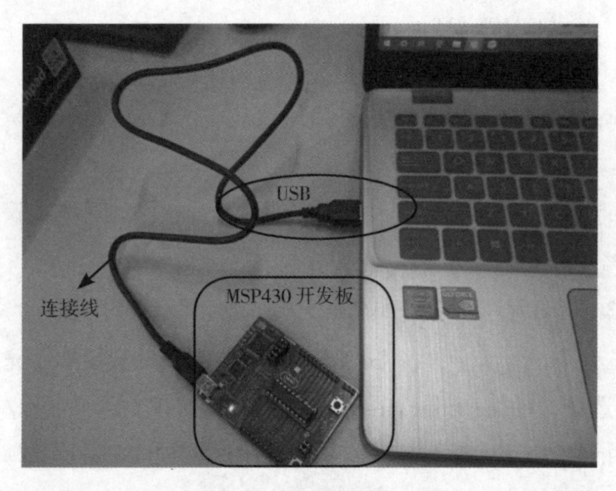

图 2.3　USB 连接图

最后，检验是否安装成功。鼠标右键单击“计算机”→左键单击“管理”→找到“设备管理器”→左键单击“端口”，检验插入 MSP430 开发板安装成功与否，若出现“MSP430 Application UART(COM4)”，即表示安装成功，如图 2.4 所示。否则，更新驱动程序软件重新安装，或必要时重启电脑。

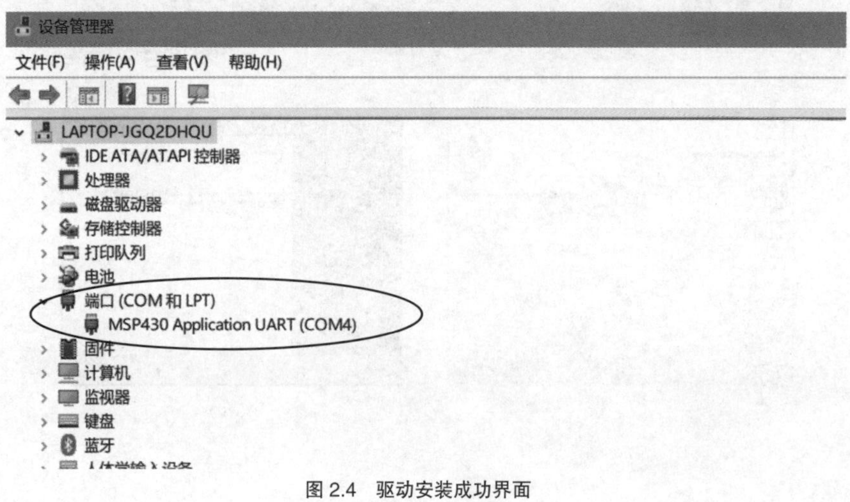

图 2.4　驱动安装成功界面

步骤 2：运行硬件管理程序。直接双击如图 2.1（a）所示 Modkit Link 图标，观察任务栏右下方，当出现如图 2.5 所示“ M ”图标，即表示 Modkit 开发板已连接成功。

图 2.5　硬件管理程序安装成功后的小图标

步骤 3：运行软件开发程序。双击如图 2.1（b）所示 Modkit Micro 图标，弹出如图 2.6 所示界面，启动 Modkit 开发环境。

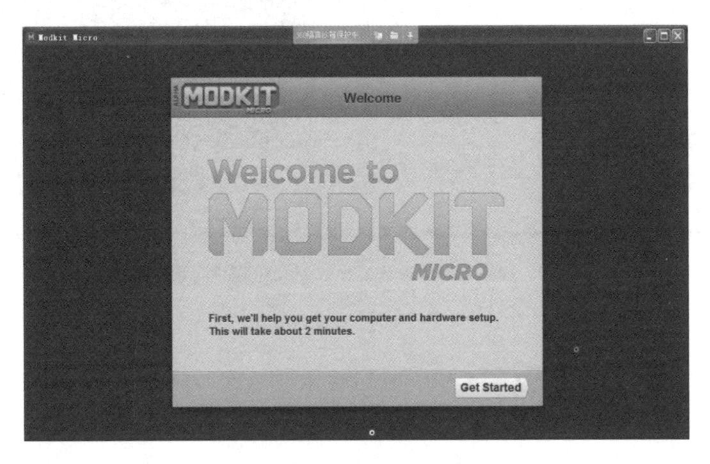

图 2.6　Modkit Micro 软件开发界面

2.1.3　硬件配置

完成上述步骤后，运行 Modkit Micro 开发软件将自动检测到 MSP430 开发板（TI Launchpad），如图 2.7 所示。

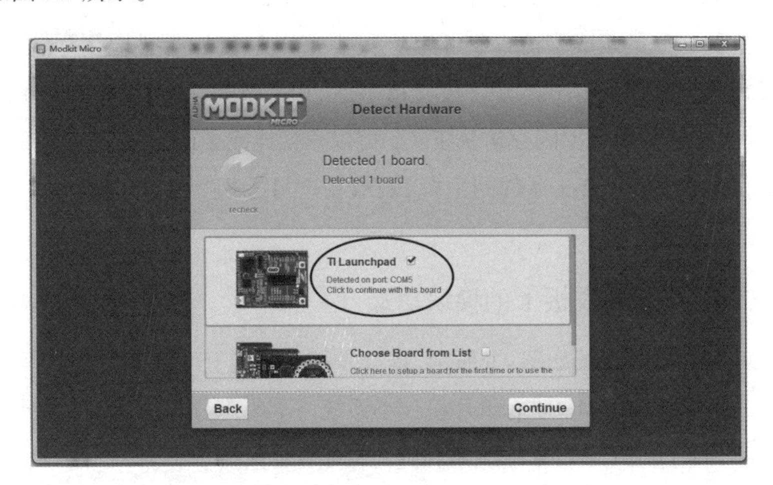

图 2.7　MSP430 的硬件配置

选中 TI Launchpad，然后单击 Continue，程序进入硬件配置界面“Hardware”，加载的硬件模块如图 2.8 所示。

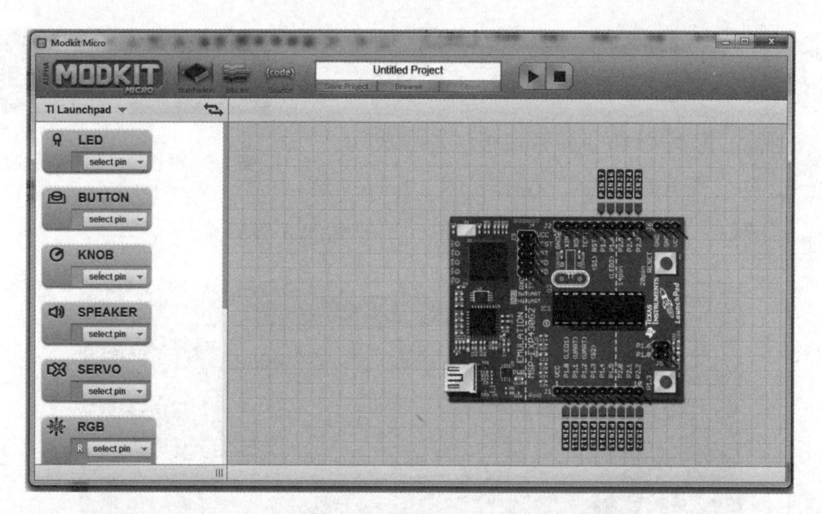

图 2.8　加载 MSP430 开发板的 Modkit 硬件配置界面

2.2　MSP430 开发板

下面首先介绍 MSP430 G2 套件开发板的基本功能及特点；然后讲解 MSP430 G2 套件的电路及 PCB 布局；最后重点介绍 MSP430G2xxx 的 I/O 端口、A/D 和 D/A 转换以及时钟、复位电路。

2.2.1　MSP-EXP430 G2 简介

MSP-EXP430 G2 低成本开发板是一款针对德州仪器 MSP-EXP430G2 系列产品的完整开发解决方案。基于 USB 的集成型仿真器可为全系列 MSP430G2xx 器件应用开发提供必需的所有软硬件。开发板具有集成的 DIP 插座，可支持多达 20 个引脚，可将 MSP430 系列单片机直接插入开发板。此外，还提供板上闪存仿真工具，可以直接连接至 PC，实现轻松变更、调试和评估。开发板还提供从 MSP430G2xx 器件到主机 PC 或相连目标板的 9 600 波特率（Bd）的 UART 串行连接。

1）MSP430 G2 开发板上的模块功能

MSP-EXP430 G2 开发板如图 2.9 所示，该开发板从功能上可以分为上、下两个部分，如图 2.9 中虚线分割，下半部分为 MSP430 单片机最小系统，上半部分为仿真调试和编程接口。开发板的上下两个部分通过 SPI 串口采用跳线相连，5 对跳线包括 2 线 JTAG 信号（TEST、RST），2 线 UART 信号（RXD、TXD）以及电源 VCC。开发板上主要的功能模块介绍如下：

（1）USB 接口

该接口把单片机与计算机相连接，具有即插即用和热插拔功能。

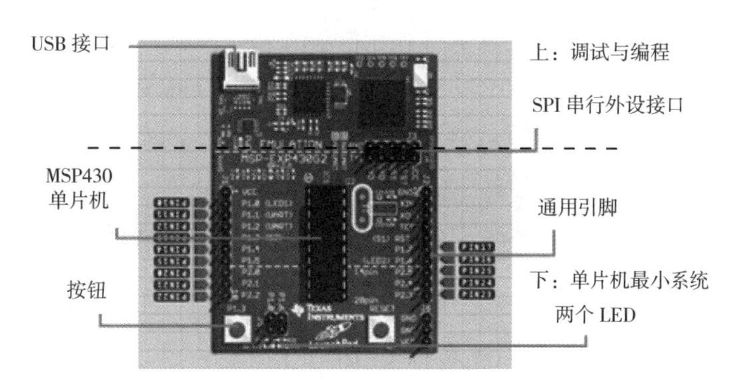

图 2.9　MSP-EXP430 G2 开发板

（2）SPI 串行外设接口

该接口具有高速、全双工、接口线少的特点。它以主从方式工作，通常有一个主设备和一个或多个从设备。MSP430 程序下载调试的引脚功能描述见表 2.1。

表 2.1　MSP430 程序下载引脚描述

引　脚	信　号	说　明
1	VCC	电源电压（为了通过板载仿真器供电，需要将 J3 VCC 闭合）
2	TEST	编程和测试期间的 JATG 引脚的测试模式以及 Spy-Bi-Wire 测试时钟输出
3	RST	编程及测试期间的复位、Spy-Bi-Wire 测试数据输入 / 输出
4	RXD	UART 接收数据输入（从 PC 或 MSP430G2xx 到 eZ430 目标电路板的 UART 通信）
5	TXD	UART 发射数据输出（从 PC 或 MSP430G2xx 到 eZ430 目标电路板的 UART 通信）

（3）通用引脚

该类单片机的引脚大多数是通用的，根据它们的功能分为工作电源引脚、参考电压引脚、晶振引脚、JTAG 引脚、复位引脚和 I/O 引脚 6 大类。

（4）LED

两个 LED 灯，一个为红光 LED，一个为绿光 LED，可以通过编程实现对 LED 灯的控制。

（5）按钮

两个按钮，右边是 RESET 按钮（复位键），左边按钮与 S2 连接，控制 LED 灯的亮与灭。

（6）MSP430 单片机

MSP430 单片机具有 20 个引脚，其功能将在后续章节逐步介绍。

2）MSP-EXP430G2 开发板的特点

① USB 调试与编程接口无需驱动即可安装使用，且具有高达 9 600 Bd 的 UART 串行通信

速度；

②支持所有采用 PDIP14 或 PDIP20 封装的 MSP430G2xx 和 MSP430F20 器件；

③支持分别把绿光和红光 LED 连接到两个通用 I/O 引脚，可提供视觉反馈；

④两个按钮可实现用户反馈和器件复位；

⑤器件引脚都独立引出，方便调试，也可用作添加定制的扩展板；

⑥高质量的 20 引脚 DIP 插座，可轻松简便地插入 MSP430 单片机或将其移除。

3）MSP-EXP430G2 的原理图及实物图

MSP-EXP430G2 开发板的仿真编程部分（上半部分）包括主控制器、USB 控制器、电源电路等。

采用 MSP430F1612 主控制器的 MSP430 系列微处理器，有两个 UART 接口，其中一路连接 USB 转串口控制器，另一路连接板上 MSP430G2xxx 系列微处理器 UART 口。

USB 控制器 TUSB3410 用于 USB 接口转 RS232 串口，支持全速（Fullspeed）USB2.0，内置了一个 8052 微控制器，板上还配了一个 I^{2}C 接口的 EEPROM（4 kB x 8 CAT24FC32）。

电源部分采用了TI的快速瞬态响应稳压器（LDO）TPS77301DGK，最大能输出250 mA电流，输出电压范围为1.5~5.5 V，同时在USB接口处采用了ESD防护阵列TPD2E001，提高静电防护。

MSP-EXP430G2 开发板的单片机系统（下半部分）原理图如图 2.10 所示。20 脚 DIP 插座可以支持不同单片机（MCU），使得开发板可以不断升级支持新的单片机芯片，所有 20 脚 I/O 全部扩展。

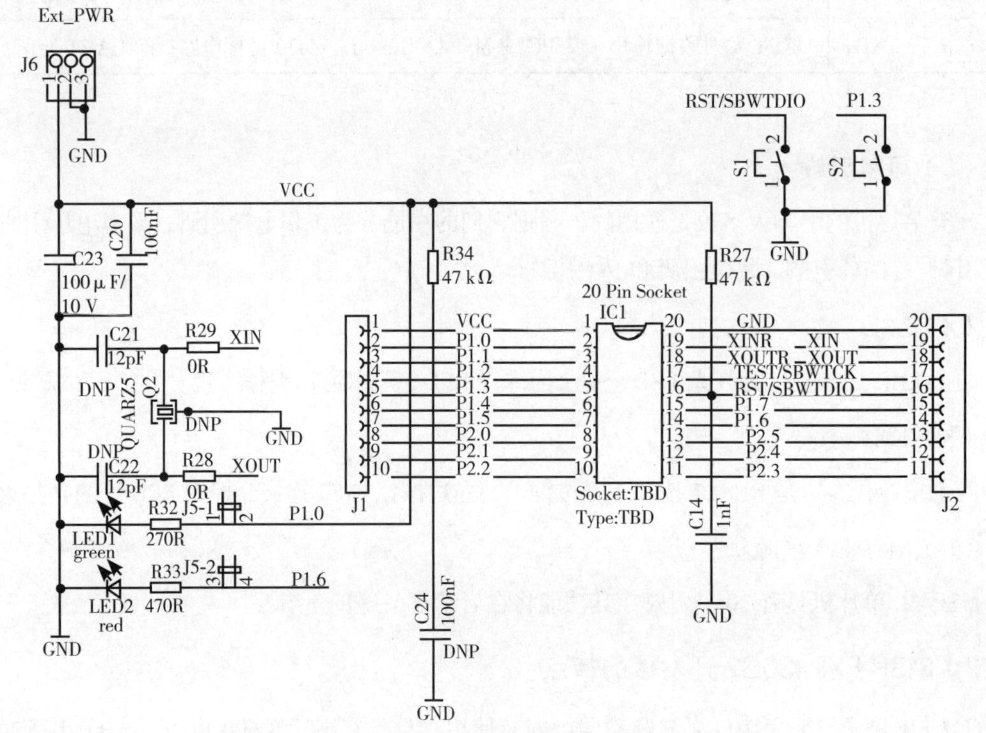

图 2.10　MSP430 开发板原理图

开发板上还有一个备用电源引脚，电源是直接连到 MCU 芯片，使用要小心，电源供电范围为 1.8~3.6 V。如果想测量板上 MSP430G2xxx 芯片的功耗，只要断开 VCC 跳线，将外部电源接入电源引脚即可。

对照原理图在开发板上找到对应的引脚，方便进一步熟悉 MSP430 单片机的工作原理，开发板实物如图 2.11 所示。

图 2.11　MSP430 开发板实物图

4）印制电路板（PCB）布局

MSP-EXP430G2 印制电路板的元件布局与布线如图 2.12 所示。

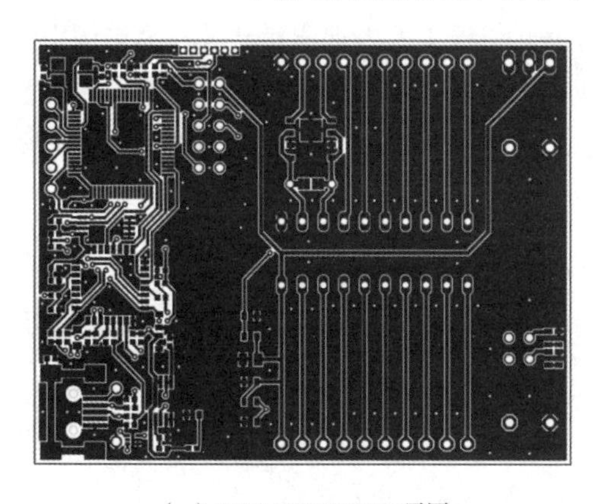

（a）MSP-EXP430G2 顶层

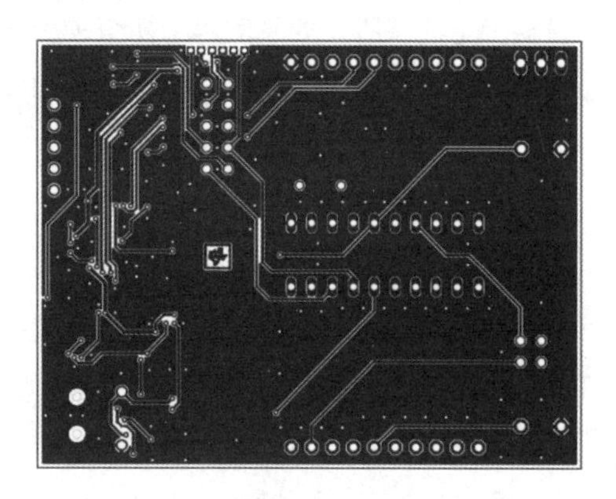

（b）MSP-EXP430G2 底层

图 2.12　MSP-EXP430G2 印制电路板

PCB 中除了顶层和底层，还有丝印层，为文字层，属于 PCB 中最上面一层，一般用于注释。正确的丝印层字符布置原则是："不出歧义，见缝插针，美观大方"。这是为了方便电路的安装和维修，在印刷板上下两表面印刷上所需要的标志图案和文字代号等的专用层，例如元件标号和标称值、元件外廓形状和厂家标志、生产日期等。MSP-EXP430G2 丝印层如图 2.13 所示。

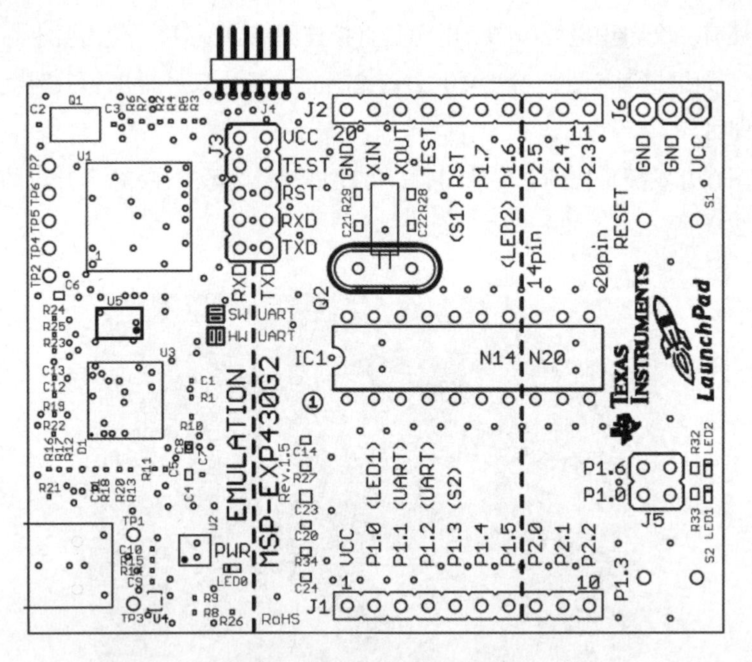

图 2.13　MSP-EXP430G2 丝印层

课外拓展

印制电路板（PCB 板），又称覆铜板或印刷线路板，是重要的电子部件，是电子元器件的支撑体，也是电子元器件电气连接的载体。

首先，制作印制电路板时遵循以下布设惯例：尽量缩短引脚的连接。让去耦电容器尽量靠近电源引脚；如果使用了多个去耦电容器，将最小的去耦电容器放在离电源引脚最近的位置；不要将导孔置于去耦电容和电源引脚之间；尽可能扩宽走线路径；不要让走线路径上出现 90° 的角；设置至少一个坚实的接地层；不要为了用丝印层来标示部件而舍弃良好的布局。

其次，在进行元件布局时，应遵循以下基本规则：

①按电路模块进行布局，实现同一功能的相关电路称为一个模块，电路模块中的元件应采用就近集中原则，同时数字电路和模拟电路分开。

②定位孔、标准孔等非安装孔周围 1.27 mm 内不得贴装元器件、螺钉等，安装孔周围 3.5 mm（对于 M2.5）、4 mm（对于 M3）内不得贴装元器件。

③卧装电阻、电感（插件）、电解电容等元件的下方避免布过孔，以免波峰焊后过孔与元件壳体短路。

④元器件的外侧距板边的距离不小于 5 mm。

⑤贴装元件焊盘的外侧与相邻插装元件的外侧距离大于 2 mm。

⑥金属壳体元器件和金属件（屏蔽盒等）不能与其他元器件相碰，不能紧贴印制线、

焊盘，其间距应大于 2 mm。定位孔、紧固件安装孔、椭圆孔及板中其他方孔外侧距板边的距离大于 3 mm。

⑦发热元件不能紧邻导线和热敏元件；高热器件要均衡分布。

⑧电源插座要尽量布置在印制板的四周，电源插座与其相连的汇流条接线端应布置在同侧。特别应注意不要把电源插座及其他焊接连接器布置在连接器之间，以利于这些插座、连接器的焊接及电源线缆设计和扎线。电源插座及焊接连接器的布置间距应考虑方便电源插头的插拔。

⑨其他元器件的布置：所有 IC 元件单边对齐，极性元件的极性标示明确，同一印制板上极性标示不得多于两个方向，出现两个方向时，两个方向互相垂直。

⑩板面布线应疏密得当，当疏密差别太大时应以网状铜箔填充，网格大于 8 mil（1 mil=0.0254 mm）；贴片焊盘上不能有通孔，以免焊料流失造成元件虚焊。重要信号线不准从插座脚间穿过；贴片单边对齐，字符方向一致，封装方向一致；有极性的器件在以同一板上的极性标示方向尽量保持一致。

最后，元件布线应遵循以下规律：

①画定布线区域距PCB板边之1 mm的区域内，以及安装孔周围1 mm内，禁止布线；

②电源线应尽可能宽，不应低于 18 mil（1 mil=0.025 4 mm）；信号线宽不应低于 12 mil；CPU 出入线不应低于 10 mil(或 8 mil)；线间距不低于 10 mil。

③正常过孔不低于 30 mil。

④双列直插：焊盘 60 mil，孔径 40 mil；1/4W 电阻：51 mil × 55 mil (0805 表贴）；直插时焊盘 62 mil，孔径 42 mil。

⑤注意电源线与地线应该尽可能呈放射性，以及信号线不能出现回环走线。

2.2.2　输入 / 输出端口

I/O 口是处理器系统对外沟通的最基本部件，从基本的键盘、LED 到复杂的外设芯片等，都是通过 I/O 口的输入、输出操作来进行读取或控制的。

在 MSP430 系列单片机中，不同的单片机具有不同数量的 I/O 口。体积最小的 MSP430F20xx 系列只有 10 个 I/O 口，适合在超小型设备中应用；功能最丰富的 MSP430FG46xx 系列多达 80 个 I/O 口，足够应付外部设备繁多的复杂应用。MSP430G2xxx 单片机共有 16 个 I/O 口，属于 I/O 口较少的系列，但由于 LCD、多通道模拟量输入等都有专用引脚，不占用 I/O，因此在大部分设计中 I/O 数量还是够用的。

1）I/O 寄存器

与大部分单片机类似，MSP430 系列单片机也是将 8 个 I/O 口编为一组。例如 P1.0~P1.7 都属于 P1 口。每组 I/O 口都有 4 个控制寄存器，其中 P1 和 P2 口还额外具有 3 个中断寄存器。寄存器详情参照表 2.2。

表 2.2　I/O 口寄存器列表

寄存器名	寄存器功能	读写类型	复位初始值
PxIN	Px 口输入寄存器	只读	无
PxOUT	Px 口输出寄存器	可读可写	保持不变
PxDIR	Px 口方向寄存器	可读可写	0（全部输入）
PxSEL	Px 口第二功能选择	可读可写	0（全部为 I/O 口）
PxIE	Px 口中断允许	可读可写	0（全部不允许中断）
PxIES	Px 口中断沿选择	可读可写	保持不变
PxIFG	Px 口中断标志位	可读可写	0（全部未发生中断）

MSP430 单片机的 I/O 口是双向 I/O 口，在使用 I/O 口时首先要选择寄存器来设置每个 I/O 口方向，PxDIR 寄存器用来设置每一位的 I/O 口方向：0= 输入，1= 输出。

2）I/O 口中断

在 MSP430 系列单片机中，P1 口、P2 口共 16 个 I/O 口均能引发中断。

PxIE 用于设置每一位 I/O 口的中断允许：0= 不允许，1= 允许；

PxIES 用于选择每一个 I/O 口的中断触发沿：0= 上升沿，1= 下降沿。

在使用 I/O 口中断之前，需要先将 I/O 口设置为输入状态，并允许该位 I/O 中断，再通过 PxIES 寄存器选择上升沿触发还是下降沿触发。注意，在退出中断前，一定要人工清除中断标志，否则该中断会不停地执行。

2.2.3　A/D 转换和 D/A 转换

模 / 数转换器 ADC（Analog-to-Digital Converter），是指将连续变化的模拟信号转换为离散的数字信号的器件。真实世界的模拟信号，例如温度、压力、声音或者图像等，需要转换成更容易储存、处理和发射的数字形式，模 / 数转换器可以实现这个功能，在各种产品中都可以找到它的身影。与之相对应的 DAC（Digital-to-Analog Converter）为数 / 模转换器，是模数转换 ADC 的逆向过程。

较其他带 A/D 转换的单片机，MSP430 的 ADC 精度高，设计灵活巧妙，给数据采集系统的设计带来了全新的思路。MSP430 系列单片机内部集成了 ADC，为设计硬件电路提供了很大的方便。同时，不同单片机中集成了不同类型的 ADC，有精度高但速度慢的 16 位 ADC（ADC16），有适用于多通道采集的 ADC12，也有适用于高速度采集的 ADC10，在 MSP430G2 系列单片机内部通常集成的是 10 位 ADC。

1）ADC10 模块

ADC10 是 MSP430 单片机的片上模数转换器，其转换位数为 10 位（bit），该模块内部是一个 SAR 型（Successive Approximation Register，逐次逼近型寄存器）的 AD 内核，可以在片内产生参考电压，并且具有数据传输控制器。数据传输控制器能够在 CPU 不参与的情况下，完成 AD 数据向内存任意位置的传输。它具有如下特点：

- 最大转换速率大于 200 kbit/s；
- 转换精度为 10 位；
- 采样保持器的采样周期可通过编程设置；
- 可利用软件或者定时器（Timer-A）设置转换初始化；
- 编程选择片上电压参考源，选择 1.5 V 或 2.5 V；
- 编程选择内部或者外部电压参考源；
- 8 个外部输入通道；
- 具备对内部温度传感器、供电电压和外部参考源的转换通道；
- 转换时钟源可选择；
- 多种采样模式：单通道采样、序列通道采样、单通道重复采样、序列通道重复采样；
- 提供自动数据传输方法；
- ADC 的内核和参考源可分别单独关闭。

2）ADC12 模块

ADC12 是一个 12 位的模数转换器，并能够将数据保存在转换存储器中。该内核两个可编程的参考电压（V_{R+} 和 V_{R-}）定义转换的最大值和最小值。当输入模拟电压等于或高于 V_{R+} 时，ADC12 输出满量程值 0FFFH，当输入电压等于或小于 V_{R-} 时，ADC12 输出 0。ADC12 共有 12 个转换通道，设置了 16 个转换存储器，用于暂存转换结果，合理设置后，ADC12 硬件会自动将转换结果存放到相应的 ADC12MEN 寄存器中。每个转换器 ADC12MENx 都有自己对应的控制寄存器 ADC12CTLx。控制寄存器控制各个转换寄存器必须选择基本的转换条件。ADC12 具有以下特点：

- 12 位转换精度，1 位非线性微分误差，1 位非线性积分误差；
- 有多种时钟源提供给 ADC12 模块，而且模块本身内置时钟发生器；
- 内置温度传感器；
- Timer_A/ Timer_B 硬件触发器；
- 配置有 8 路外部通道与 4 路内部通道；

• 内置参考电源，并且参考电压有 6 种组合；
• 模数转换有 4 种模式；
• 16 字转换缓存；
• ADC12 可关断内核支持超低功耗应用；
• 采样速度快，最高可达 200 kbit/s；
• 自动扫描；
• DMA 使能。

课外拓展

ADC 模块的常用性能指标：

①分辨率，表示输出数字量变化一个相邻数码所需输入模拟电压的变化量，它定义为转换器的满刻度电压与 2^n 的比值，其中 n 为 ADC 的位数。如：一个 12 位的 ADC 的分辨率为满刻度电压的 1/4096；

②量化误差，是由于有限数字对模拟数值进行离散取值（量化）而引起的误差。其理论值为一个单位分辨率，即 ±1/2 LSB；

③转换精度，其反映的是 ADC 模块在量化上与理想的 ADC 模块进行过 A/D 转换的差值；

④转换时间，指 ADC 模块完成一次 A/D 转换所需的时间，转换时间越短，越能适应输入信号的变化；

⑤电压范围、工作温度、接口特性以及输出形式等。

2.2.4 外围供电、时钟和复位电路

1）外围供电

主板电源给各个电路供电，MSP430 的电源电压范围很宽（1.8 ~3.6 V），其功耗会随着提供给 MCU 的电压的变化而变化。

2）时钟电路

单片机各部件能有条不紊地工作，实际是在其系统时钟作用下，控制器指挥芯片内各个部件自动协调工作，使内部逻辑硬件产生各种操作所需的脉冲信号而实现的。概括地讲，时钟电路向 CPU、芯片组、各级总线及主板各级接口提供基本工作频率，通过该工作频率，CPU 控制主板的各个电路及部件协调地完成各项功能。

MSP430 系列单片机基础时钟主要是由低频晶体振荡器、高频晶体振荡器、数控振荡器

(DCO)、锁频环（FLL）等模块构成。MSP430 系列单片机中的型号不同，时钟模块也有所不同，但这些模块生成的结果是相同的。

MSP430 单片机时钟模块提供 3 个时钟信号（ACLK、MCLK、SMCLK）输出，以供给片内各电路使用。

ACLK：辅助时钟信号。ACLK 是从 FLXT1CLK 信号由 1/2/4/8 分频器分频后所得到的。由 BCSCTL1 寄存器设置 DIVA 相应位来决定分频因子。ACLK 可用于 CPU 外围功能模块的时钟信号使用。ACLK 一般用于低速外设模块。

MCLK：系统主时钟信号。MCLK 由 3 个时钟源所提供，它们分别是 LFXT1CLK，XT2CLK（F13、F14，如果是 F11，F11X1 则由 LFXT1CLK 代替），DCO 时钟源信号。MCLK 主要用于 MCU 和相关系统模块作时钟使用，同样可通过设置相关寄存器来决定分频因子及其他设置。MCLK 主要用于 CPU 和系统。

SMCLK：子系统时钟信号。SMCLK 由 2 个时钟源信号所提供，它们分别是 XT2CLK（F13、F14）和 DCO，如果是 F11、F11X1 则由 LFXT1CLK 代替 TX2CLK。同样可设置相关寄存器来决定分频因子及其他设置。SMCLK 主要用于高速外设模块。

3）复位电路

复位电路是一种使电路恢复到起始状态的电路设备，就像计算器的清零按钮的作用一样，当用户进行完了一个题目的计算或者输入错误、计算失误时都要进行清零操作，以便回到原始状态，重新进行计算。和计算器清零按钮有所不同的是，复位电路启动的手段有多种：一是在给电路通电时马上进行复位操作，二是在必要时由手动操作，三是根据程序或者电路运行的需要自动进行。

复位电路的作用是在上电或复位过程中，控制 CPU 的复位状态：这段时间内让 CPU 保持复位状态，而不是一上电或刚复位完毕就工作，防止 CPU 发出错误的指令、执行错误操作，也可以提高电磁兼容性能。

MSP430 使用了两个分离的复位信号，一个用作硬件复位（上电复位），另一个就用作软件复位(上电清除)信号。上电复位也就是 POR(Power On Reset)，上电清除信号标识为 PUC(Power Up Clear)。

POR 信号在下面两种事件发生时才会产生：

• 器件上电；

• RST/NMI 引脚配置为复位模式，当 RST/NMI 引脚产生低电平时。

当 POR 信号产生时，必然会产生 PUC 信号，而 PUC 信号的产生并不会牵连 POR 信号。PUC 信号的产生依赖于下面的事件：

• POR 信号发生；

• 启动看门狗时，看门狗定时器计满；

• 向看门狗写入错误的安全参数值；

• 向片内 FLASH 写入错误的安全参数值。

当供电电压 VCC 缓慢上升时，POR 监测器保持 POR 信号有效直到 VCC 超出 VPOR 水平；当供电电压 VCC 快速上升时，POR 延时 (POR Delay) 提供了足够长的有效 POR 信号以确保 MSP430 有足够的时间进行初始化。

对于内部复位机制不同的子系列 MSP430 单片机，面对不同的系统工作环境，通过提高复位门限、延长复位时间和监控电压源等方法设计复位电路，可以有效避免在实际应用中遇到的偶发复位失效的问题，提高系统的可靠性。

2.3 快速入门实例——“星光闪烁”

例 2.1 在 Modkit Micro 环境编写简单的测试代码，下载至开发板，实现开发板上 LED 的交替闪烁，模拟星星闪耀。

2.3.1 块代码编程

如 2.1 节所述，将 MSP430 开发板连接至电脑，启动 Modkit Micro，进入 Modkit 编程界面。首先进“Hardware”（硬件 / 元件管理）界面，如图 2.14 所示，除主控制器外，可以根据所用硬件模块将界面左侧所示元件拖至界面右侧；各元件的属性可以通过选中该元件进行设置，包括元件与控制器间的端口设置；更详尽的属性参数，可以在所选元件的下拉菜单中设置。

进入硬件管理界面，选中“LED”元件并拖拽，配置其连接 I/O 口。在左侧硬件模块中找到“LED”，长按鼠标左键将其拖至界面右侧，重复以上操作后，右侧界面生成了两个 LED 标示名为：LED1 和 LED2，并在 LED1 和 LED2 下拉菜单中分别选择 PIN10 及 PIN16（因为开发板上 2 颗 LED，由 PCB 线路已经分别连接到单片机端口：P1.0 和 P1.6），如图 2.15 所示。

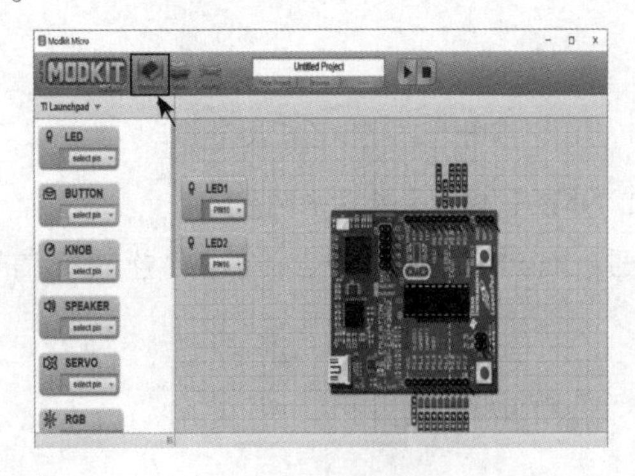

图 2.14 设置元件

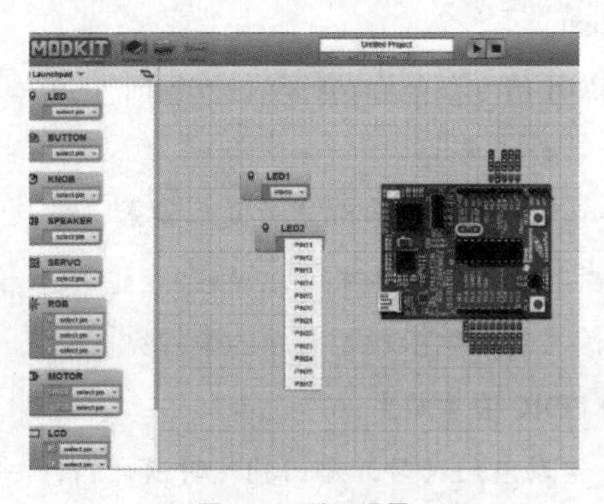

图 2.15 端口设置

2.3.2　编写程序

将所用元件及其端口等属性设置好后，就可以进行编程了。单击窗口上方的“Blocks”按钮，进入块代码（Blocks）编程窗口，如图 2.16 所示。

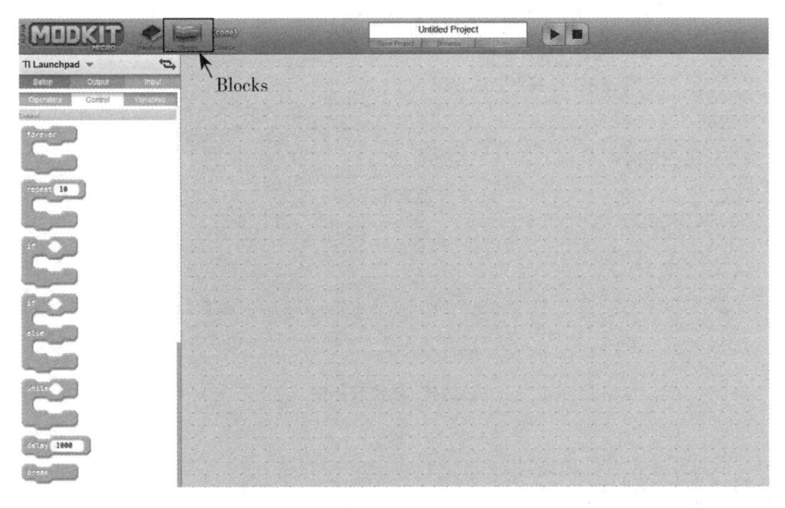

图 2.16　编程窗口

进入“Blocks”界面，编写程序。现在只加入了两个元件，即 LED1 和 LED2，与之直接对应的块代码操作为左栏的 setLED LED1 ON ，该代码可以实现配置 LED 的“ON/OFF”开 / 关功能; 因此，为实现 LED1 和 LED2 的点亮 / 熄灭控制，首先连续 2 次拖拽块代码 setLED LED1 ON 放置于右窗口，然后在其中一个块代码第一个下拉列表中选择“LED1”，另一个块代码选择“LED2”，最后在块代码第二个下拉列表中选择“ON”或者“OFF”。重复以上过程，并在 LED1 和 LED2 亮灭状态更替之间，加入延时如“100”（默认单位为 ms），人眼就能观察到 LED1 和 LED2 交替闪烁，参考程序如图 2.17 所示。

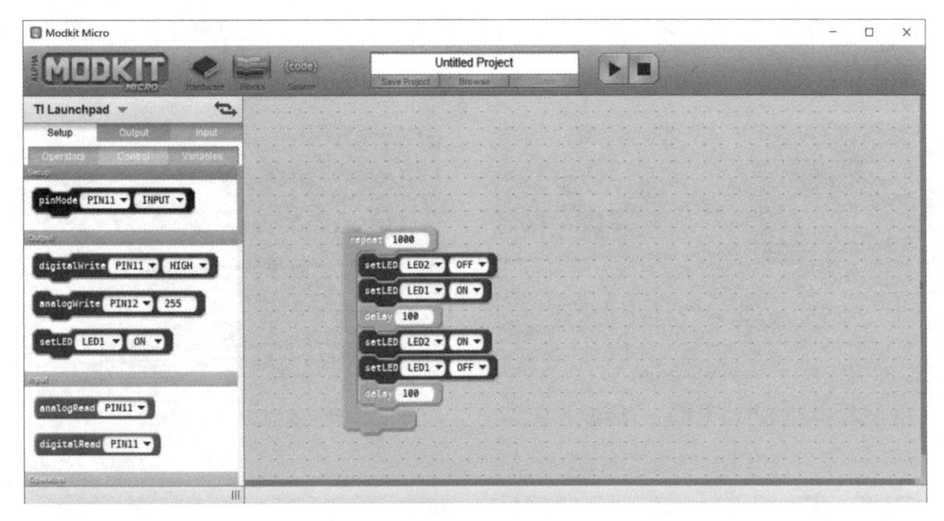

图 2.17　参考程序

可根据需要，查看图形化编程的源代码，鼠标左键单击“soure”，如图 2.18 所示。

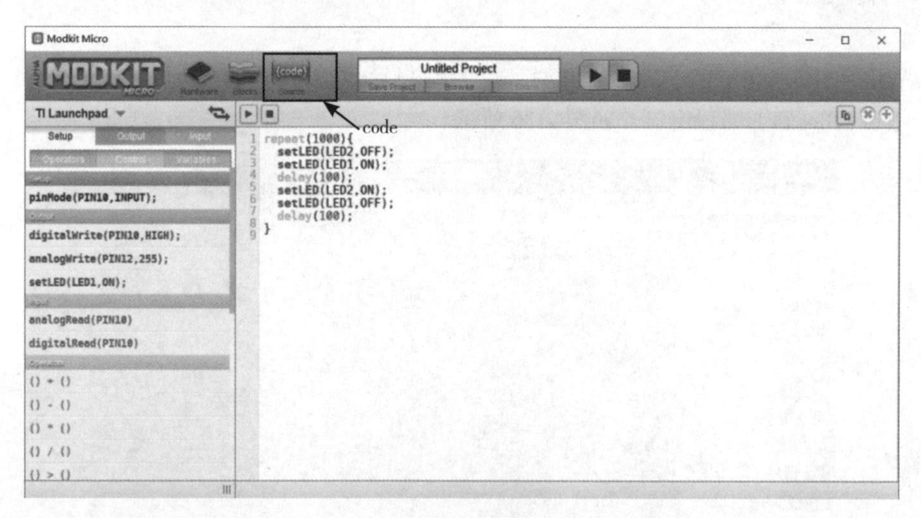

图 2.18　源代码界面

2.3.3　脱机运行与测试

代码编写完成后，单击上方工具栏的“▶”下载 / 运行程序按钮，如图 2.19 所示，显示“Programming Device..”，表示程序正在下载中；“■”按钮，表示终止运行程序。当状态窗口变成绿色，显示“Programming Ok”，即程序已经成功烧录到开发板的单片机上，可以观察到编程效果，如图 2.20 所示。

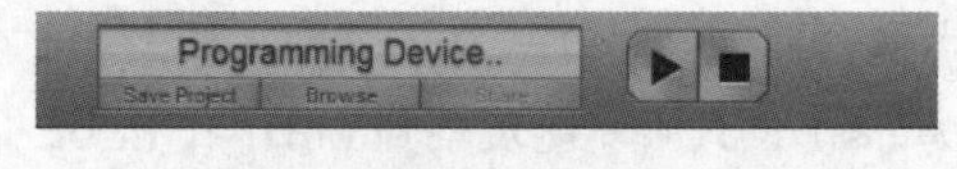

图 2.19　程序下载 / 运行按钮

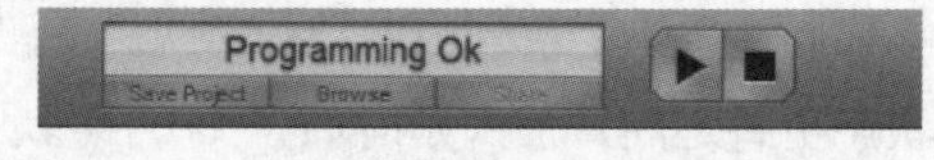

图 2.20　编译成功界面

当程序编译成功后，观察开发板上两颗 LED 灯的闪烁情况，记录观察结果。如图 2.21 所示，红 LED 和绿 LED 出现交替闪烁，时间间隔为 0.1 秒，即 100 ms。

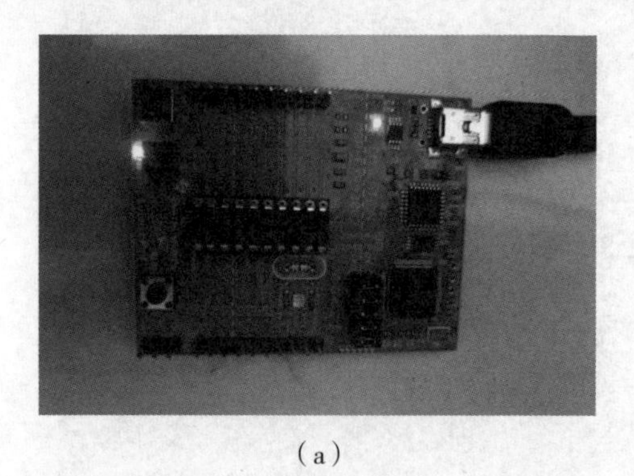

（a）

（b）

图 2.21　脱机测试

2.4　练习与思考

在我们身边，随处可看到许多灯光是自动控制的，如马路上的红绿灯、门店的指示灯、家中装饰的流水灯等，思考并完成以下练习。

1. 以马路上的红绿灯为例，设置红灯、绿灯分别亮的时间，制作一个简易的交通指示灯。

2. 请思考，如何让红绿灯更加智能化，从而缓解拥挤的城市交通。例如：动态感知车流量信息，自动调节红绿灯时间长度。

第 3 章

Modkit 编程基础

内容概述：

本章主要介绍 Modkit 的编程界面及基本功能；重点介绍硬件块代码、逻辑块代码及其属性设置，硬件模块包括 LED、BUTTON、KNOB、SPEAKER、SERVE、RGB、MOTOR、LCD，逻辑块代码包括 Setup、Output、Input、Operators、Control 和 Variables 六类；简要介绍源代码界面。

教学目标：

- 了解 Modkit 工具软件的操作界面，块代码编程的基本方法；
- 掌握硬件代码块的端口设置及 A/D 转换设置；
- 重点掌握常用输入、输出硬件的配置及功能；
- 学会常用硬件模块的编程与调试。

3.1 Modkit 界面

启动 Modkit 后，开发环境会默认进入“硬件管理界面”，如图 3.1 所示，该界面主要包括 8 个部分。

图 3.1 中①、②和③分别对应 Modkit 编程的三种界面模式。

① Hardware（硬件 / 元件）：在“硬件管理”界面模式下，使用者可以通过拖拽选择搭建系统所需要使用的硬件并配置其参数，如图 3.1 所示。MSP430 开发板包括 LED（发光二极管）、BUTTON（按钮）、KNOB（控制旋钮）、SPEAKER（扬声器）、SERVO（伺服系统）、RGB（三原色）、MOTOR（电动机）、LCD（液晶显示）等硬件。

② Blocks（逻辑代码块）：在“逻辑代码块”界面模式下，使用者通过代码块的拖拽、堆叠实现可视化编程。常规代码块包括 Setup（硬件设置）、Output（模拟 / 数字输出）、Input（模

拟 / 数字输入）、Operators（运算块）、Control（控制块）、Variables（变量块）六类。

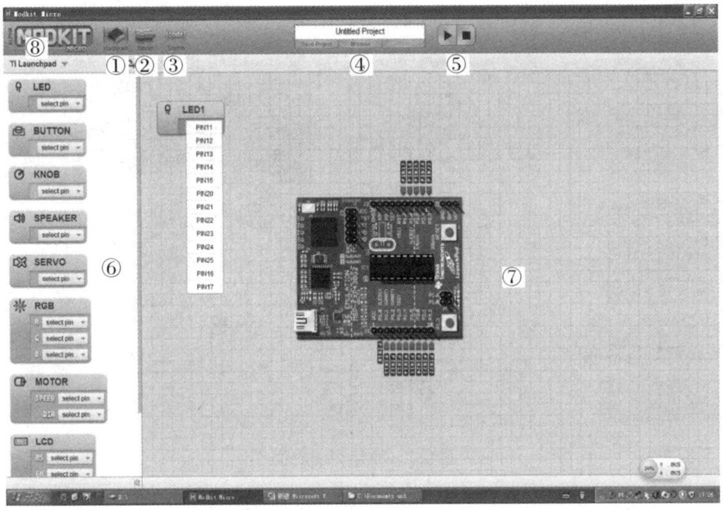

图 3.1　Modkit 默认界面

③ Source（源代码）：在“源代码”界面模式下，使用者可以查看程序的源代码，也可直接编写代码进行编程。

④和⑤为项目管理功能。

④项目管理：包括 Save Project（保存项目）、Browse（浏览项目）、Share（分享项目）等功能，当执行了“Save Project（保存项目）”命令，为项目命名之后，“Untitled Project”位置将显示项目的名称。

⑤ Play/Stop Program（运行 / 停止）：点击小三角符号，编译与运行程序（Play Program）；点击小正方形，终止程序运行（Stop Program）。

⑥和⑦为工作区。

⑥代码块区域：在“硬件管理界面”模式下，代码块区域显示各种硬件代码块，使用者可在此处选择硬件，拖拽至编程区域⑧以搭建硬件系统。

⑦编程区域：硬件显示及代码块编程区域。

⑧ TI Launchpad（硬件配置）：Setting（设置）、Connected on、COM7、More Boards。

3.1.1　硬件管理界面

进入 Modkit 的硬件管理界面“Hardware”，在 TI MSP-EXP430G2 开发板硬件配置条件下，包括 8 类硬件。

① LED（发光二极管）：开发板上配置的 2 个 LED 灯，输出 ON 为打开、OFF 为关闭状态；默认情况下 LED1、LED2 分别连接至单片机的 P1.0、P1.6 引脚。

② BUTTON（按钮）：输入，给系统板上的单片机上的 P1.3 引脚输入高（High）/ 低（Low）电平信号，表示有无，如图 2-10 所示。

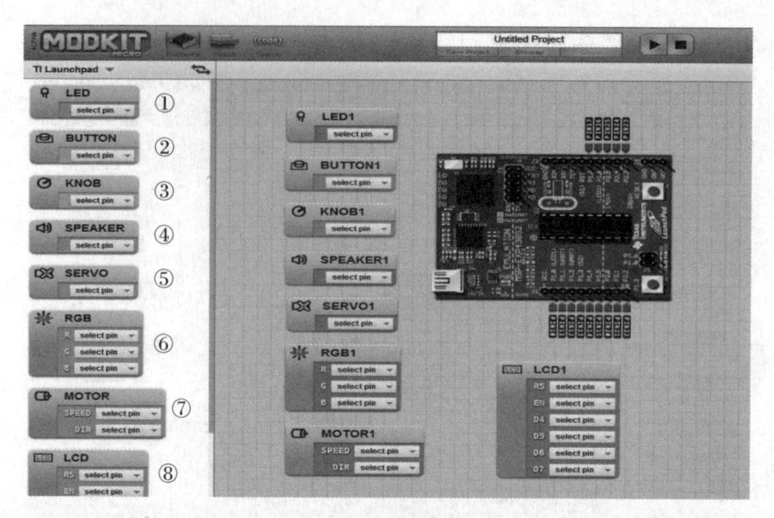

图 3.2　硬件管理界面

③ KNOB（控制旋钮）：输入信号，用于音量调节等功能，需外接硬件。

④ SPEAKER（扬声器）：输出信号量，可编程输出声音，需外接硬件。

⑤ SERVO（伺服系统）：它的主要任务是按控制命令的要求，对功率进行放大、变换与调控等处理，使驱动装置输出的力矩、速度和位置改变，控制非常灵活方便。

⑥ RGB（三基色）：输出量，RGB 值指定了红色、绿色、蓝色三基色的相对强度，用于组合形成特定的颜色。

⑦ MOTOR（电动机）：输出信号，驱动电机转动。

⑧ LCD（液晶显示）：输出信号至 LCD，显示相关信息。

3.1.2　逻辑代码块

单击逻辑代码块“Blocks”可以进入“逻辑代码块”界面进行逻辑设计，如图 3.3 所示。

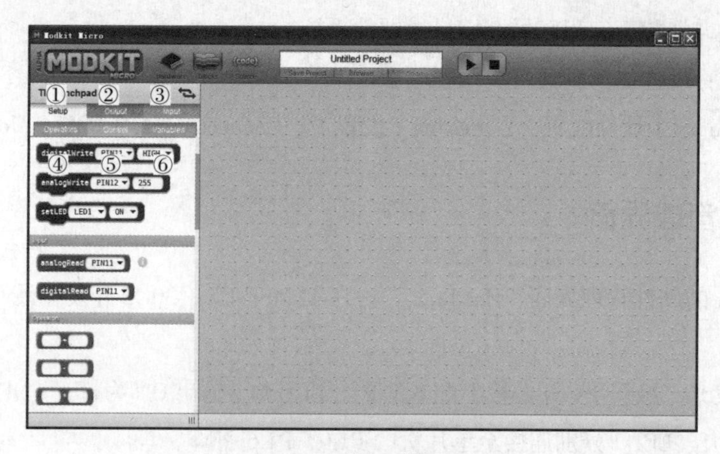

图 3.3　逻辑代码块界面

界面左侧是块编辑器，主要由六大类组成，包括：

① Setup（硬件代码块）：设置硬件配置信息的代码块。

② Output（模拟 / 数字输出）：连续变量 / 高低电平方式，从单片机相应端口输出至外接设备或模块，如 LED 灯。

③ Input（模拟 / 数字输入）：外部设备及模块的信号输入至单片机（注：输入信号不能超过 VCC+5 V）。当为高 / 低电平时，作数字输入，如按钮（Button）；当为模拟信号时，作模拟输入，如声音信号模块。

④ Operators（运算块）：算法所需的基本运算符号、比较运算符号和逻辑运算符号。

⑤ Control（控制块）：程序流程控制，如条件控制块“if…else…”等。

⑥ Variables（变量块）：定义变量，用于保存或运算相应变量。

不同类别中的模块采用了不同的颜色进行标识，Setup 为深蓝色，Output 为藏青色，Input 为紫色，Operators 为绿色，Control 为黄色， Variables 为橙色，详细的使用方法将在 3.2 节详细介绍。

3.2　代码块功能

3.2.1　硬件代码块

在逻辑代码块（Blocks）界面， 单击 Setup，下面有一个代码块 PinMode，如图 3.4 所示，用以配置引脚为输入或输出模式。它是一个无返回值函数，函数有两个参数 PIN 和 INPUT，PIN 参数表示所分配的引脚，INPUT 参数表示设置该引脚的模式为 INPUT（输入）或 OUTPUT（输出）。

图 3.4　PinMode 代码块

特别说明：单片机的端口 P1.1，对应软件代码块 PIN11，以此类推。

3.2.2　模拟 / 数字输入

单片机应用系统的核心任务是根据一定的输入（前向通道），结合一定的处理算法，然后作出相应的输出（后向通道）。输入信号模块是控制系统中的一部分，主要负责接收现场设备或控制设备的信息，并进行信号电平转换，然后将转换结果传送到单片机 MCU 进行处理，信号输入示意图如图 3.5 所示。

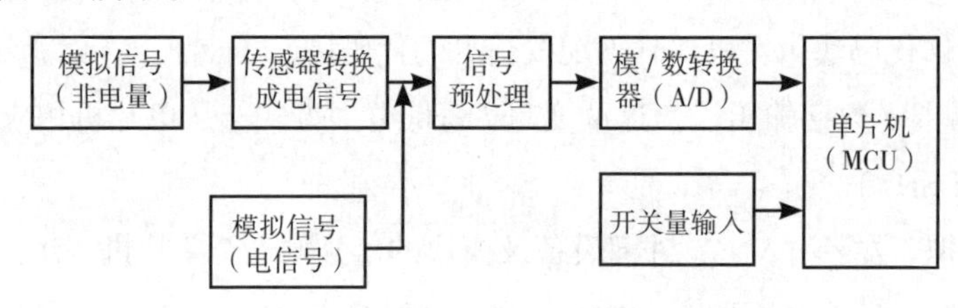

图 3.5　信号输入示意图

根据所接收的信号类型，输入信号模块可分为：数字量输入信号模块（Digital Input：DI，简称数字量输入模块）和模拟量输入信号模块（Analog Input：AI，简称模拟量输入模块）。数字量输入模块只能接收高低逻辑电平信号，如开关的接通与断开；模拟量输入模块可以接收连续变化的模拟量信号，如温度传感器模块输出的 4~20 mA 直流（DC）电流信号。

在 Modkit 软件操作界面，点击 Input，下面有 4 个代码块，分别是 analogRead、digitalRead、buttonPressed 和 readKnob，如图 3.6 所示。其中，每个代码块由两个部分构成，紫色部分输入为指令，白色选择框选择指令作用的对象，比如某个指定引脚、某个指定按钮等。

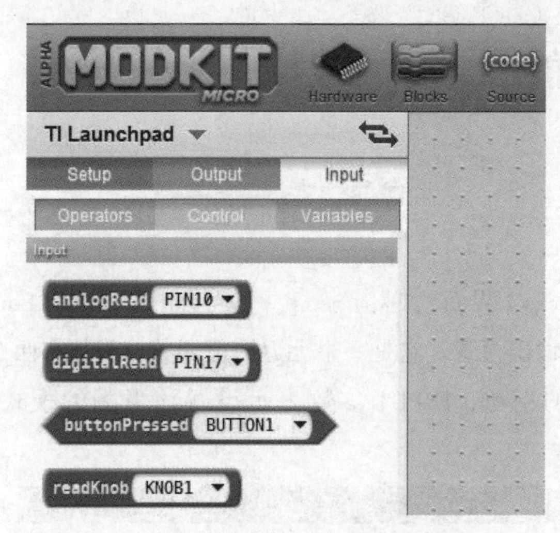

图 3.6　模拟 / 数字输入 (Input)

analogRead PIN10：analogRead 指令函数用于读取引脚的模拟量电压值，每读一次需要花费 100 μs 的时间。白色框中选择参数 PIN，表示要获取模拟量的引脚，该函数返回值为 int 型或无符号整型，表示引脚的模拟量电压对应的 A/D 转换值，其范围为 0~1 023。

digitalRead PIN17：digitalRead 指令函数用于读取引脚的电压高低，返回值可能是 HIGH 或 LOW。

buttonPressed BUTTON1：buttonPressed 指令命令返回 true 或 false，通过白色框选择 PIN 参数，决定要控制哪个按钮。

readKnob KNOB1：readKnob 指令命令返回连接到模拟引脚的旋钮的值，通过白色框选择 PIN 参数，决定正在读取哪个旋钮。

3.2.3　模拟 / 数字输出

输出信号模块主要负责对 MCU 处理的结果进行电平转换，并从向外输出，然后驱动现场执行设备（如电磁阀、电动机等）或控制设备（如按钮状态指示灯）。根据所输出的信号类型，输出信号模块可分为：数字量输出信号模块（Digital Output：DO，简称数字量输出模块）和模拟量输出信号模块（Analog Output：AO，简称模拟量输出模块）。

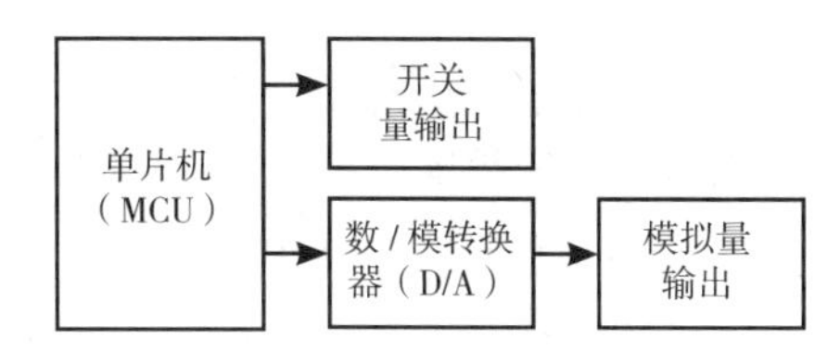

图 3.7　信号输出示意图

将所有硬件拖放在 Hardware 区域，单击 Blocks 可以看到所有的输出代码块，如图 3.8 所示。每个输出代码块由指令和参数两个部分构成，蓝色部分为输出指令，白色框为参数，可能有 1~3 个参数。

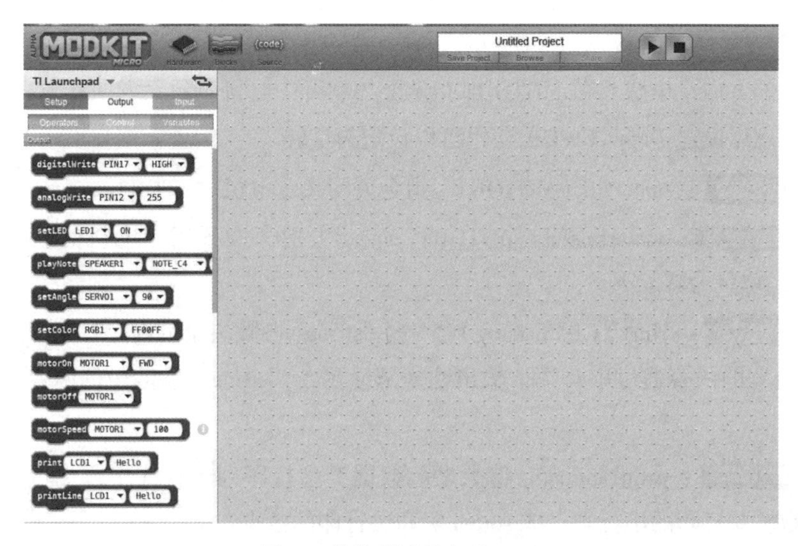

图 3.8　模拟 / 数字输出 (Output)

digitalWrite PIN11 HIGH：digitalWrite(PIN，value) 指令函数用于设置引脚（PIN）的输出电压为高 \ 低电平（value）。该函数无返回值，PIN 参数表示所要设置的引脚，value 参数表示输出的电压，HIGH 为高电平，LOW 为低电平。在使用 digitalWrite(PIN，value) 函数之前要将引脚设置为 OUTPUT 模式。

analogWrite PIN12 255：analogWrite (PIN，value) 指令函数将设定的值（value）经 8 位 D/A 转换后输出到管脚（PIN），PIN 参数表示所要设置的引脚，value 参数取值范围为 0~255，该函数无返回值，可用于不同的光线亮度值调节发光二极管的亮度，或以不同的速度驱动马达。调用 analogWrite(PIN，value) 后，结合延时控制，可在引脚上生成一个指定占空比的方波输出。

setLED LED1 ON：setLED (LED1，state) 指令设置 LED1 的状态为 ON/OFF，state 参数表示 LED1 的开或关状态。

playNote SPEAKER1 NOTE_C4 50：playNote（SPEAKER1，NOTE-C4，time）指令表示在扬声器 SPEAKER1

上播放一个音符，音符参数 NOTE-C4 决定正在播放的音符是音符列表中的某 1 个（哆、来、咪、发、唆、拉、西），时间参数 time 决定播放的时间，单位为毫秒（ms）。

setAngle SERVO1 90：setAngle（SERVO，angle）指令设置指定伺服电机的角度，角度参数 angle 决定 SERVO 电机的转动角度，angle 取值范围为 0~180 度。

setColor RGB1 FF00FF：setColor（RGB，value）指令设置三基色 LED 的 RGB 的取值，RGB 参数指定正在设置哪个 LED 对象的三基色参数，而 value 为颜色参数，决定 RGB LED 的颜色，颜色取值采用十六进制表示，从左到右每两位表示一个颜色取值，如 FF00FF 表示红色分量为 255，绿色分量为 0，蓝色分量为 255。三基色的颜色合成如图 3.9 所示。

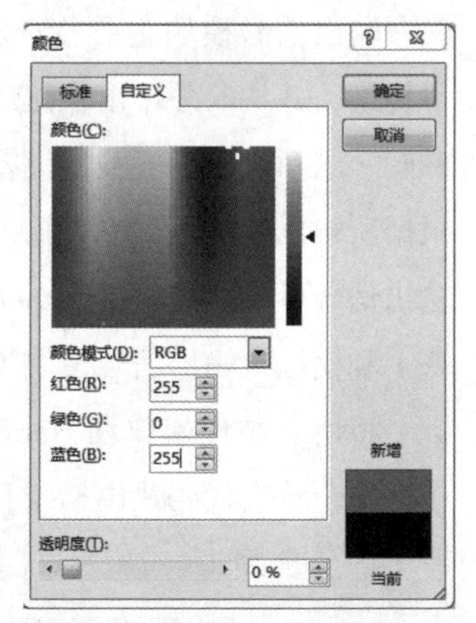

图 3.9　三基色的颜色合成

motorOn MOTOR1 FWD：motorOn（MOTOR1，dir）指令用于打开马达并设定它的方向，电机参数 MOTOR1 指定要控制哪个电机对象，方向参数 dir 设置电机将转动的方向，可以设定正转（FWD），也可以设定为反转。

motorOff MOTOR1：motorOff（MOTOR1）指令关闭指定电机 MOTOR1。

motorSpeed MOTOR1 100：motorSpeed（MOTOR1，speed）指令设置指定电机的速度，速度参数 speed 为转速，单位为转 / 分。

print LCD1 Hello：print（LCD1，string）命令将“string”参数决定的内容打印到屏幕 LCD1 上，也可把“string”的内容通过串行端口输出到外部显示，“string”参数中的内容可以是多种数据类型。

printLine LCD1 Hello：printLine 命令将大多数数据类型打印到屏幕或串行端口，同时触发一个新目标参数（要打印的串行端口或 screen）和要打印的数据参数。

3.2.4　运算块

输入至单片机的信号，往往需要 MCU 进行“+”、“-”等运算。Modkit 提供的运算代码块主要有四大类型，如图 3.10 所示，即①加、减等基本运算；②大小判定等比较运算；③逻辑运算，用于流程控制；④随机代码块，用于产生一个随机数字。每个运算代码块由指令和参数构成。

1）基本运算

：“+”，加法运算，返回左右两数之和。

：“-”，减法运算，返回左右两数之差。

：“*”，乘法运算，返回左右两数之积。

：“/”，除法运算，返回左右两数之商。

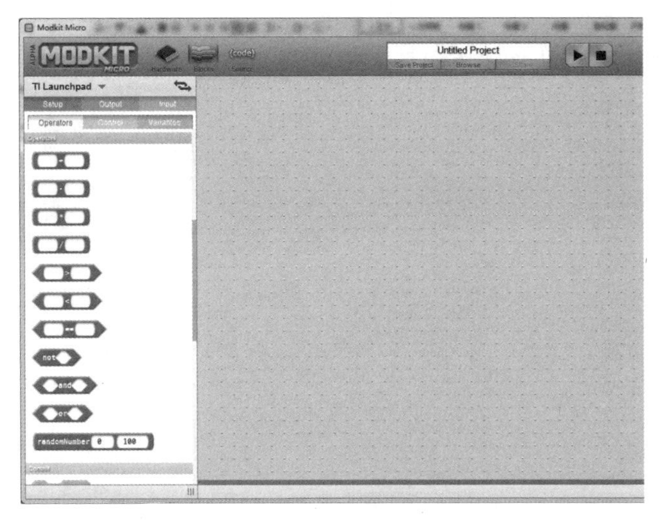

图 3.10　运算块

2）比较运算

\>：“大于”，判断左边值是否大于右边值，若是，返回值为真，否则，返回值为假。

<：“小于”，判断左边值是否小于右边值，若是，返回值为真，否则，返回值为假。

==：“等于”，判断左边值是否等于右边值，若是，返回值为真，否则，返回值为假。

3）逻辑运算

not：“否定（not）”，如果输入项为假则返回值为真，如果输入项为真则返回值为假。

and：“并且（and）”，测试两个逻辑表达式的值是否为真，当且仅当两者都为真时，返回值为真；否则，返回值均为假。

or：“或者（or）”，测试两个逻辑表达式的值是否为真，当且仅当两者都为假时，返回值为假；否则，返回值均为真。

4）随机数字

randomNumber 0 100：“随机序列”，从左边值到右边值的序列中随机选取一个值。

3.2.5　控制块

在 Modkit 中，一个代码块中的指令按照从上到下的顺序被执行，这就是最基本的顺序执行结构。然而，实际中有可能出现这样的情况：有些指令可能要根据具体情况决定执行与否，有些指令则可能需要被重复执行多次，两者分别被称为选择执行结构和循环执行结构。

顺序结构、选择结构和循环结构是程序设计的三种基本结构。已经证明：任何可解问题的解决过程都可由这三种结构通过有限次组合形成。因此，Modkit 的控制块是其编程的基本结构，主要包括选择、循环、延迟等流程控制块，如图 3.11 所示。每个控制块由指令和参数构成，方框为参数取值，菱形框为判定条件。

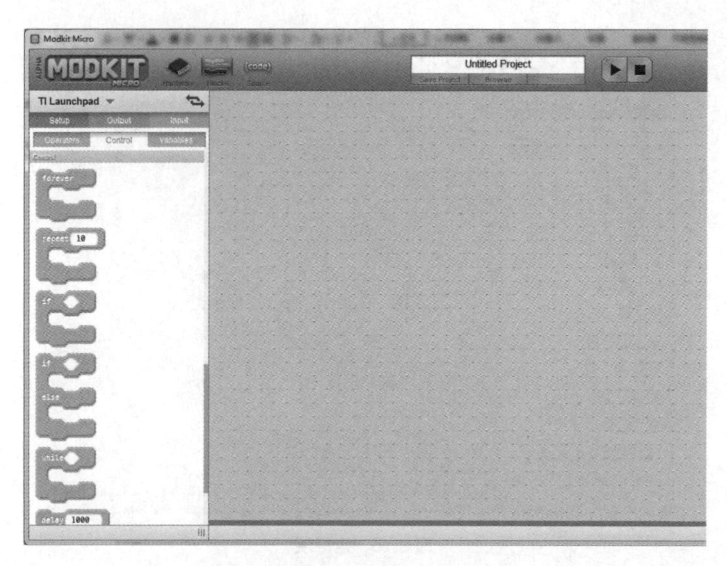

图 3.11　控制块

：forever，无限循环执行语句组。

：repeat（number），重复执行语句组，参数 number 定义重复执行的次数。

：if（条件），条件语句，如果“条件”为真，那么其下面的语句组被执行。

：if（条件）…else…，条件语句，如果“条件”为真，那么执行其下的语句组 1；否则，执行 else 下的语句组 2。

：while（条件），循环语句，如果“条件”为真，那么循环执行其下的语句组。

：delay（time），延迟指令，time 参数设定延迟的时间，单位为 ms。

：break，跳转指令，跳出当前正在执行的代码块（if、repeat、forever）。

3.2.6　变量块

变量是在内存中占据一定存储单元、其值可以改变的量。变量包括全局变量和局部变量两种。变量名称必须以英文字母、下划线或中文开头，可以包括英文字母、下划线、数字和中文，如“Sum”、“S1”、“求和”、“_a2”都为合法的变量名。

全局变量可以用在项目（project）的所有过程及事件处理函数中，是一个独立的块，可以接受任何类型的值。在项目的运行过程中，用户可以在任何位置对全局变量的值进行引用和修改。

局部变量是在过程或事件处理函数中创建的、只在局部有效的变量，可根据需要定义一个或多个局部变量。每当过程或事件处理函数从开始运行时，同一个局部变量都被赋予一样的初始值，它的有效作用范围仅限于块内。用户可以在任何时候修改该块中的变量名，所有引用过该变量原名称的块将随之自动更新。

定义变量的过程如下：

①单击变量块(Variables),弹出 +New Integer 窗口,如图 3.12 所示。

图 3.12　新增变量块

②单击 +New Integer，可以创建新的 int 类型变量，如图 3.13 所示，并为新变量命名。

③创建两个新变量 ff 和 y 并赋值，如图 3.14 所示。

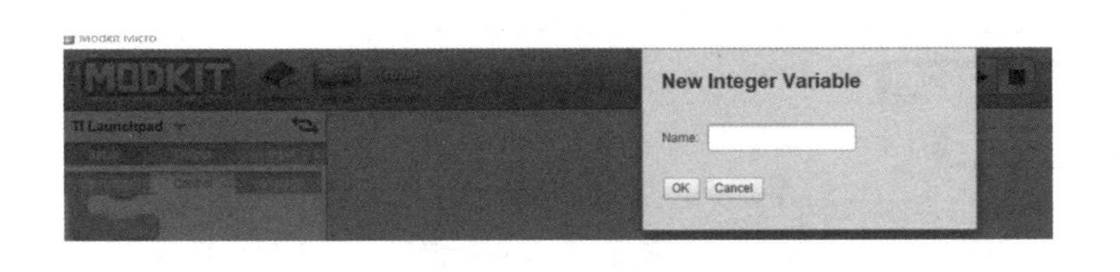

图 3.13　设置变量名

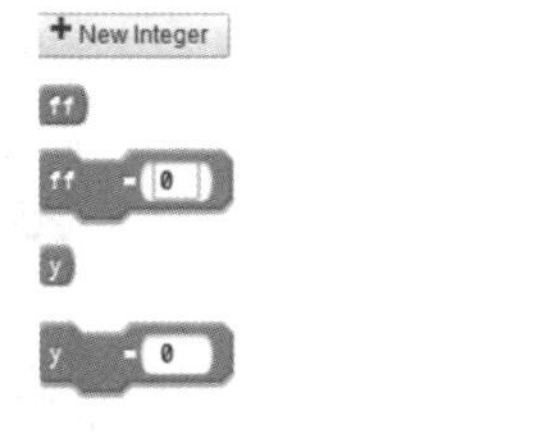

图 3.14　创建新变量并赋值

3.3　代码块应用

在熟悉了以上代码块的定义和功能后，综合利用上述代码块，可实现 LED 不同闪烁方式的控制。

例 3.1　在 Modkit 环境下编写简单代码，下载至开发板，实现开发板上 LED1 每隔 2 s 亮一秒，即每隔 2 s 闪烁一次。

步骤 1：进入硬件 / 元件管理（Hardware）界面，选中“LED”元件并拖拽到右边工作区，设置 LED1 的引脚为 PIN10，如图 3.15 所示。

步骤 2：鼠标单击“Blocks”，进入块代码编程界面，选中 LED1，在“硬件设置代码块（Setup）”中拖出 LED1 的设置代码块，然后在“控制代码块（Control）”中拖出循环代码块 forever 和延时代码块 delay，如图 3.16 所示。

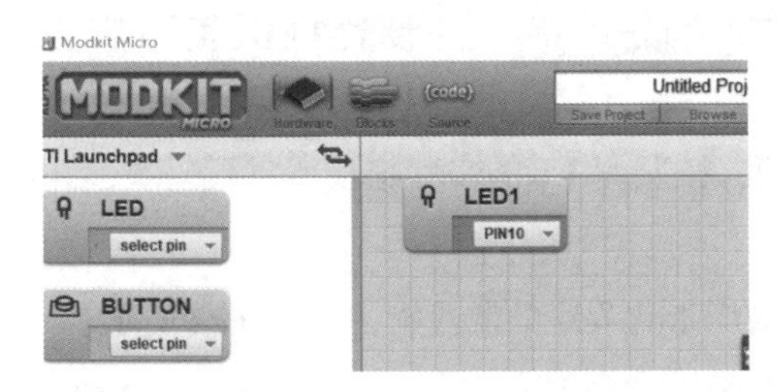

图 3.15　LED1 引脚选择

图 3.16　拖出例 3.1 需要的代码块

步骤 3：完成代码块的逻辑设计，即将拖出的代码块按照编程逻辑在编程区域有序放置，如图 3.17 所示。

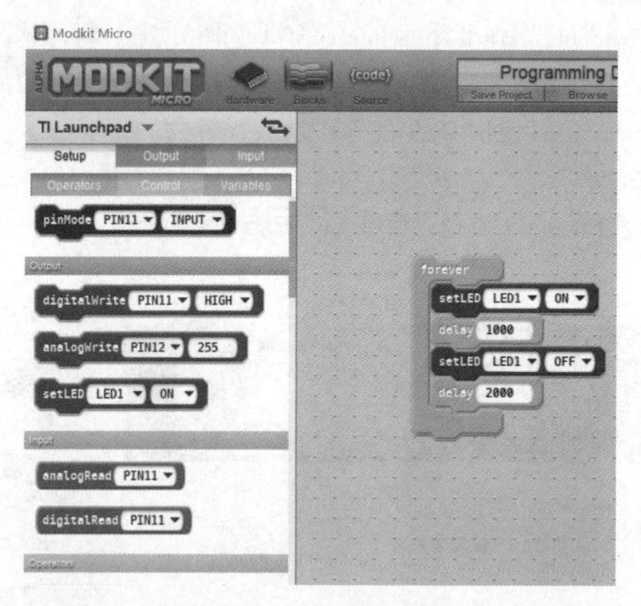

图 3.17　例 3.1 代码块的逻辑设计

步骤 4：单击“Source”，进入源代码界面，查看图形化程序的源代码，如图 3.18 所示。不同代码块的源代码也用相应颜色的指令表示。

步骤 5：单击“Play Program”按钮，开始写程序，如图 3.19 所示。等到提示框变成绿色，即程序写成功，观察开发板上 LED1 的变化是否符合设计要求。

```
1 forever{
2   setLED(LED1,ON);
3   delay(1000);
4   setLED(LED1,OFF);
5   delay(2000);
6 }
7
```

图 3.18　例 3.1 的程序源代码

图 3.19　运行例 3.1 程序

例 3.2　在 Modkit 环境下编写简单代码，下载至开发板，实现开发板上 LED1 亮 1 s 熄 1 s，LED2 熄 1 s 亮 1 s，实现 LED1 和 LED2 交替闪烁 10 次。

步骤 1: 如例 3.1 步骤 1 所示，拖出硬件 LED1 PIN10 LED2 PIN16，并设置 LED1 的引脚为 PIN10，LED2 的引脚为 PIN16，如图 3.20 所示。

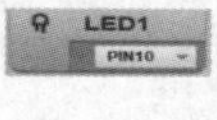

步骤 2：单击“Blocks”， 进入块代码编程界面，按照例 3.1 的步骤拖拽所需代码块，并设计块代码的逻辑排列顺序，如图 3.21 所示。

步骤 3：单击“Source”，进入源代码界面，查看图形化程序的源代码，如图 3.22 所示。

步骤 4： 单击运行按钮“Play Program”，运行程序。

程序运行效果如图 3.23 所示，LED1 和 LED2 交替闪烁。

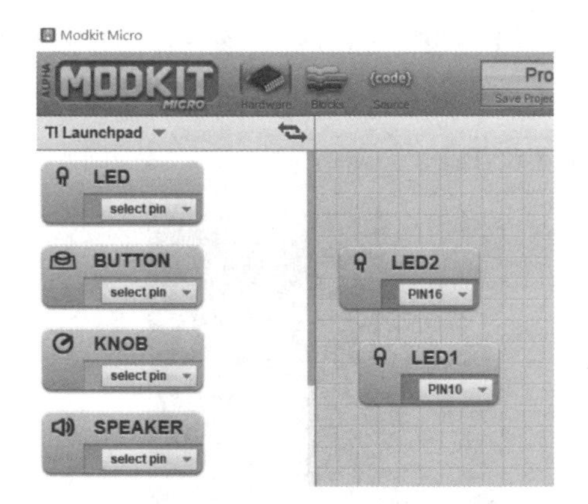

图 3.20　例 3.2 中 LED 引脚设置

```
repeat 10
  setLED LED1 ON
  delay 1000
  setLED LED1 OFF
  delay 1000
  setLED LED2 ON
  delay 1000
  setLED LED2 OFF
  delay 1000
```

图 3.21　例 3.2 的逻辑设计

```
1  repeat(10){
2    setLED(LED1,ON);
3    delay(1000);
4    setLED(LED1,OFF);
5    delay(1000);
6    setLED(LED2,ON);
7    delay(1000);
8    setLED(LED2,OFF);
9    delay(1000);
10
11 }
```

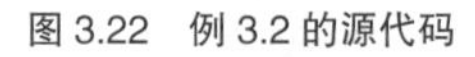

图 3.22　例 3.2 的源代码

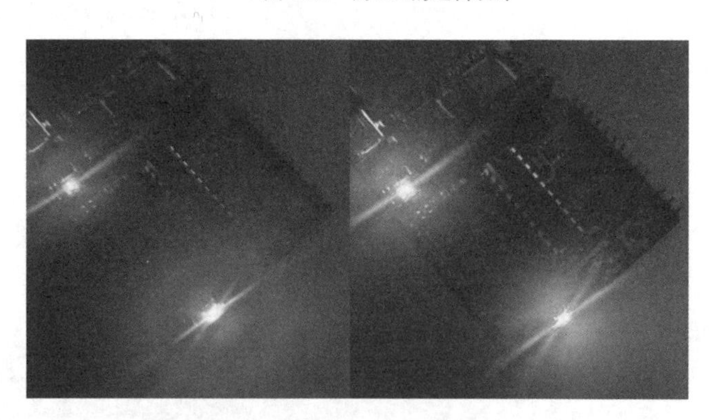

图 3.23　LED1 和 LED2 交替闪烁效果图

例 3.3　在 Modkit 环境下编写简单代码，下载至开发板，实现外接三基色 LED 灯的 RGB 控制，改变 LED 灯的颜色。

步骤 1：进入元件设置（Hardware）界面，拖出 RGB 代码块，选择 R 输出引脚 PIN12，G 输出引脚 PIN21，B 输出引脚 PIN16，如图 3.24 所示。

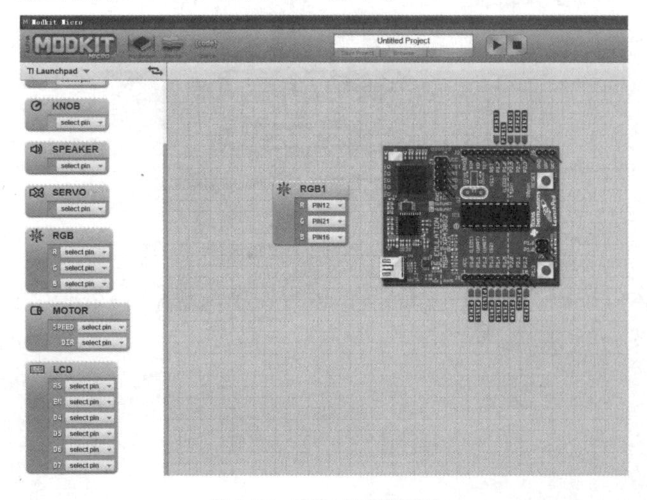

图 3.24　RGB 代码块设置

步骤 2：硬件连接如图 3.25 所示，此例需外接一个三基色 LED 灯。该三基色 LED 灯有 4 个引脚，其中 3 个引脚分别连接到单片机的 P1.2、P2.1、P1.6 三个引脚，为“R”“G”“B”三色驱动信号，还有一个引脚为公共端，直接接地（GND）。

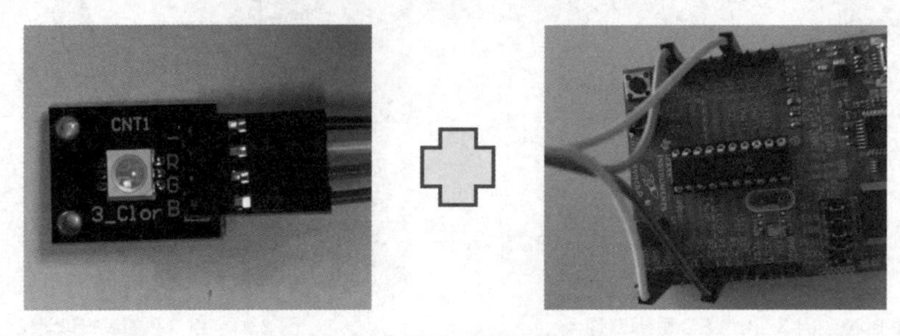

图 3.25　例 3.3 硬件连接图

步骤 3：把单片机的 P1.2、P2.1、P1.6 三个引脚设置为输出模式。

步骤 4：选中 RGB 代码块，单击“Blocks”，进入块代码编程界面，在“硬件设置代码块（Setup）”中拖出 setColor，调用颜色设置函数；然后在“控制代码块（Control）”中拖出循环代码块 forever 和延时代码块 delay。

步骤 5：进行代码块的逻辑设计，如图 3.26 所示。

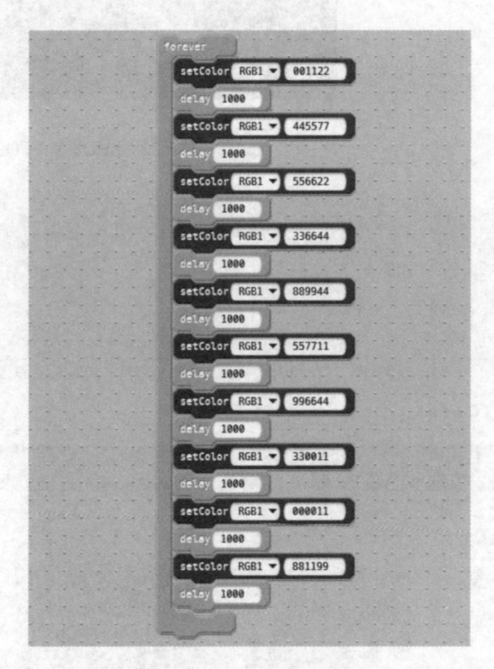

图 3.26　例 3.3 的逻辑设计

步骤 6：单击运行按钮“Play Program”，运行程序，观察外接三基色 LED 的颜色变化。部分实验效果如图 3.27 所示。

图 3.27　例 3.3 三基色 LED 的 RGB 控制效果图

3.4　练习与思考

观察交通信号灯的颜色和变化规律，思考并完成以下练习。

1. 通过 RGB 控制用 3 个三基色 LED 分别模拟交通信号灯的红灯、绿灯和黄灯。

2. 观察十字路口的交通信号灯的工作情况，设置红灯、绿灯、黄灯点亮和熄灭的顺序及时间，制作一个简易的交通指示灯。

第 4 章

传感模块与执行元件

内容概述：

本章主要介绍单片机硬件系统的主要部件，包括传感器模块和执行机构；重点介绍了敲击模块、水银开关、温度传感器、麦克风、光敏电阻、火焰传感器、红外循迹传感器、磁簧开关等传感器模块，以及继电器、蜂鸣器、扬声器、发光二极管和激光二极管等执行元件的功能及应用。

教学目标：

- 了解常用的传感器及执行元件；
- 学会常用硬件模块的编程与调试。

4.1 单片机的数据获取与执行

单片机的硬件系统框图如图 4.1 所示，它主要由传感器模块、执行机构和单片机构成。单片机通过各类传感器获取外界的物理参数，而常用传感器模块包括基本的传感器和运算放大单元。考虑到传感器模块具有以下典型接口特征：+3V /+5V 供电和检测量的模拟和数字两种输出，因此，传感器与单片机共用供电，并且传感器模拟输出常与单片机 A/D 端口相连。类似的，各类执行机构与传感器作为信号或能量流动的对偶器件，执行机构与单片机共地，单片机的数字输出或 D/A 端口连接执行机构的控制或信号端。

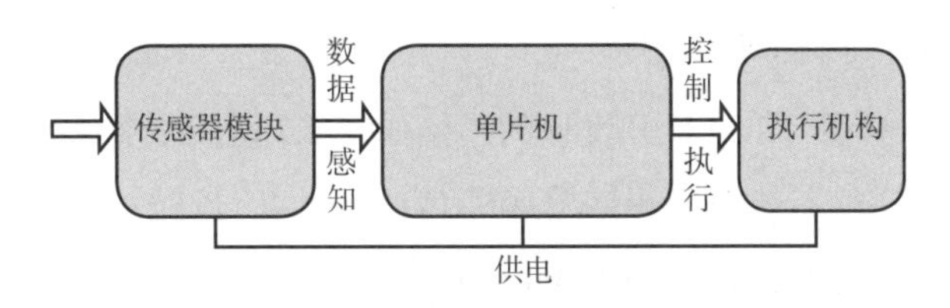

图 4.1　单片机硬件系统框图

4.2　传感模块

人们为了从外界获取信息，必须借助感觉器官。 而在一些生产应用、科学研究场合，单靠人们自身的感觉器官获取信息是远远不够的，为适应这种情况，就需要传感器。因此，可以说，传感器是人类五官的延伸，又称为“电五官”。

传感器是一种检测装置，能感受到被测量的信息，并将感受到的信息按一定规律变换为电信号或其他所需形式输出，以满足信息的传输、处理、存储、显示、记录和控制等要求。

4.2.1　力学类传感器——敲击模块和水银开关模块

1）敲击模块

敲击传感器：通过敲击发生震动产生一个信号，敲击传感器模块能感受并检测到该信号并把它输入单片机，与 I/O 口连接。

有源蜂鸣器：通过接收单片机输出的信号来发出声音响应，与单片机 I/O 口连接。

例 4.1　通过敲击模块或按下单片机自带按钮使蜂鸣器发出不同的声音。

敲击模块和蜂鸣器模块的实物如图 4.2 所示，敲击模块有 3 个引脚，引脚“–”接低电平或地“GND”，中间引脚接高电平或电源“VCC”，“S”引脚为信号输出端，接单片机的 I/O 口。蜂鸣器也有 3 个引脚，“–”引脚接“GND”，中间引脚接“VCC”，“S”引脚为信号输入端子。

（1）实物图

（a）敲击传感器模块

（b）有源蜂鸣器模块

图 4.2　敲击模块和蜂鸣器的实物图

（2）模块与开发板硬件连接图

敲击模块、蜂鸣器模块与单片机开发板的连接如图 4.3 所示。其中，敲击传感器的信号端接单片机 I/O 口 P1.7；蜂鸣器的信号端接单片机 I/O 口 P1.4；按钮采用开发板自带且默认连接到单片机 I/O 口 P1.3。功能 测试代码如图 4.4 所示。

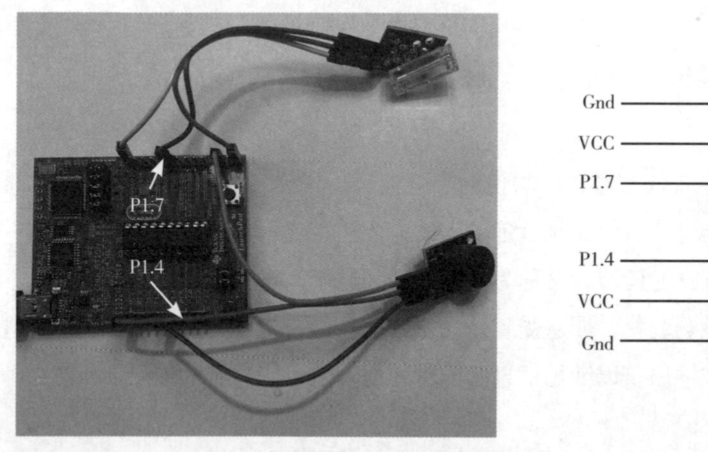

图 4.3　敲击模块、蜂鸣器模块与单片机开发板相连

（3）编写块代码

功能测试的块代码如图 4.4 所示。检测到单片机开发板上按钮“BUTTON1”按下，即 P1.3 为低电平时，蜂鸣器依次播放声音“NOTE_C5”“ NOTE_C4”“ NOTE_C6”各 100 ms。如果敲击传感器检测到信号，即 P1.7 为低电平时，蜂鸣器播放声音“ NOTE_C6”100 ms。运行块代码，测试模块功能。

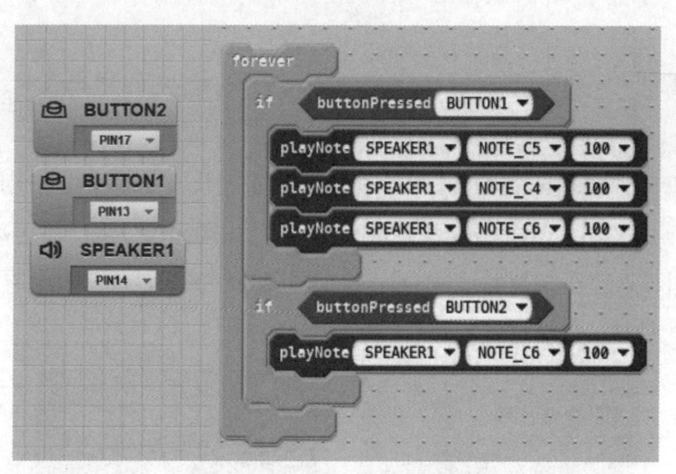

图 4.4　例 4.1 的功能测试块代码

2）水银开关模块

水银开关的构造很简单，外面是一个密封的圆柱形绝缘壳体，长约 30 mm，直径约 10 mm，里面装有约 1/5 体积的水银。水银开关实物如图 4.5（a）所示。在壳体的一端固定着从里

面引出的两根导线，这就是一个水银开关。因为重力的关系，水银珠会向容器中较低的地方流去，如果同时接触到两个电极，开关便会导通，形成闭合电路。

注意：水银对人体及环境均有毒害，因此使用水银开关时，请务必小心谨慎，以免破出；不再使用时，也应该妥善处理。

例 4.2　通过水银开关来控制 LED 点亮。

水银开关模块实物如图 4.5（b）所示，长度：8.5~9.5 mm，宽度：3.2~3.5 mm，工作角度：5°~10°，电压：20 V，电流：0.3 A，工作温度：−40°~300°。

（1）实物图

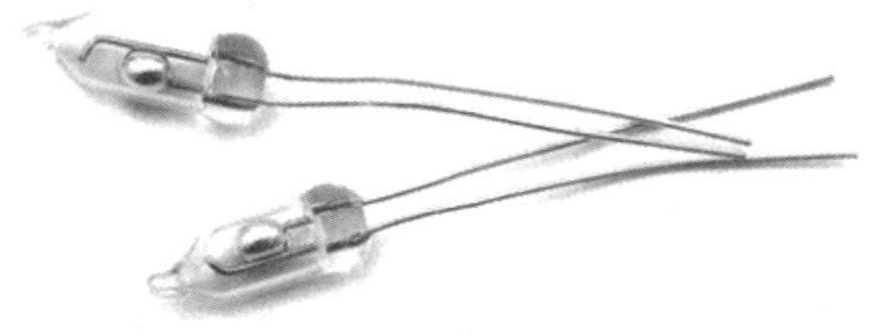

（a）实物图　　（b）模块实物图

图 4.5　水银开关及模块实物图

（2）连线方式

水银开关模块与单片机开发板的连接如图 4.6 所示，红色线接水银开关的“负”，黄色线接水银开关的“S”。红黄线的另一端接到单片机的开发板上，正确的连接方式是将开关串联进电路，接到 J5 上。

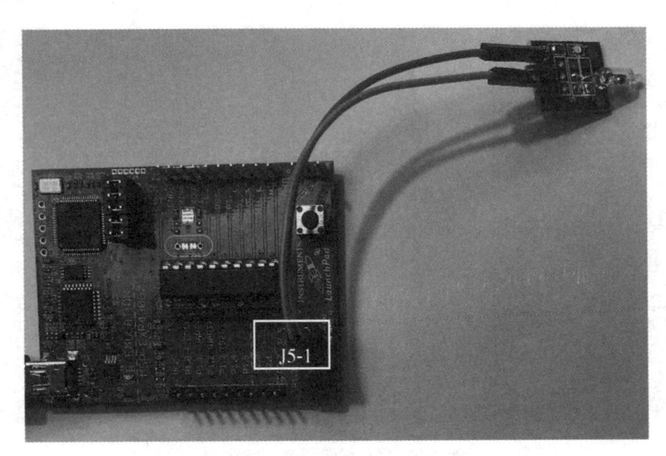

图 4.6　水银开关与单片机的连接

特别注意：在与单片机开发板相连接的时候，千万不要将红线接“GND”，黄线接“VCC”，当水银开关接通的时候，相当于把电源短路了。如图 4.7 所示，这是水银开关在单片机上一种典型的错误连接方式。

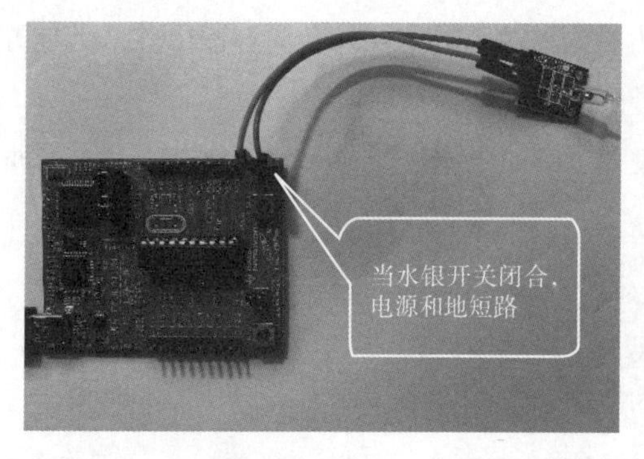

图 4.7　水银开关与单片机的错误连接

（3）块代码编写

功能测试电路及块代码如图 4.8 所示，因为水银开关传感器决定整个电路是否接通，所以只需将 LED1 接入电路就可以了，LED1 设为 ON，则 P1.0 输出高电平。

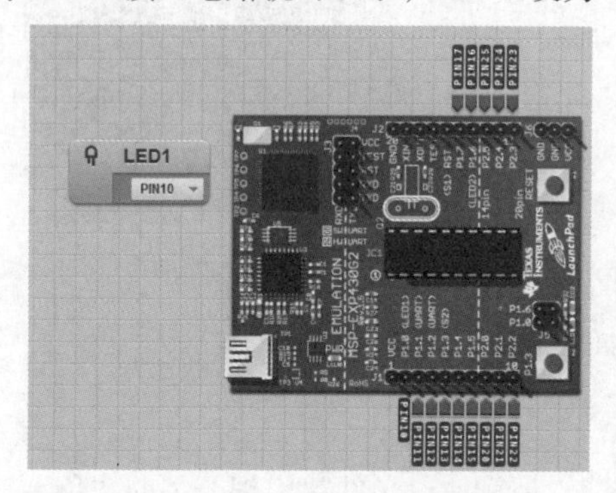

图 4.8　例 4.2 的功能测试电路及块代码

当水银珠在下方的时候，LED1 电路接通，有电流流过，此时 LED1 发光；当水银珠在上方的时候，LED1 电路断开，没有电流流过，此时 LED1 熄灭，如图 4.9 所示。

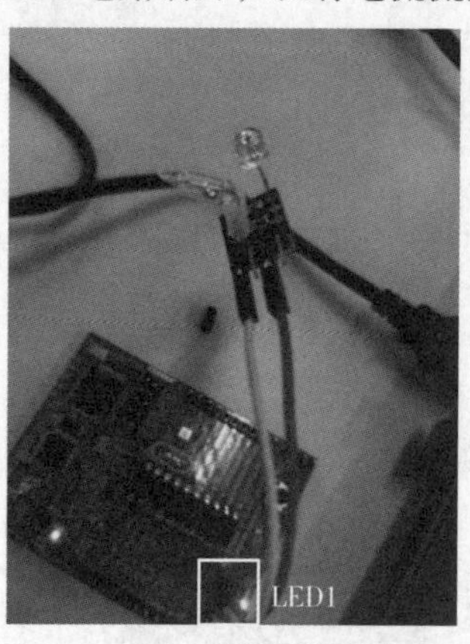

图 4.9　例 4.2 的功能测试效果

4.2.2　热学类——温度传感器（热敏电阻）

热敏电阻对环境温度很敏感，一般用来检测周围环境的温度，因此是温度传感器模块的核心器件，如图 4.10 所示。温度传感器模块中采用的热敏电阻具有负温度系数，即温度升高时，检测输出值减小。

例 4.3　通过“灵敏度调节电位器”调整温控预设值，检测当前环境温度，如果检测值高于预设值，则 LED2 点亮，否则 LED2 不亮。

温度传感器模块实物如图 4.10 所示，“+”接电源，采用 3.3~5 V 电源供电，“G”端接地，正常供电时“电源指示 LED 灯”亮，“AO”为模拟信号输出端，实时输出温度检测值；“DO”为数字信号输出端，输出为高、低电平。通过调节温度传感器模块的“灵敏度调节电位器”，可以改变温度检测的阈值（即温度控制的预设值）；当热敏电阻检测到的温度值高于预先设定的“温度检测的阈值”时，则“信号指示灯”为绿灯亮，“数字信号输出（DO）”输出高电平；反之，当检测温度低于预设值时，“数字信号输出（DO）”输出低电平，“信号指示灯”不亮。

（1）实物图

图 4.10　温度传感器模块实物图

（2）连线方式

温度传感器模块与单片机开发板的连接如图 4.11 所示。当与单片机开发板相连的时候，温度传感器模块的 GND 端与单片机的 GND 端连接，VCC 端与单片机的 VCC 端连接，模拟信号输出端接单片机的 P1.1 端，用于传输测试的模拟数据。

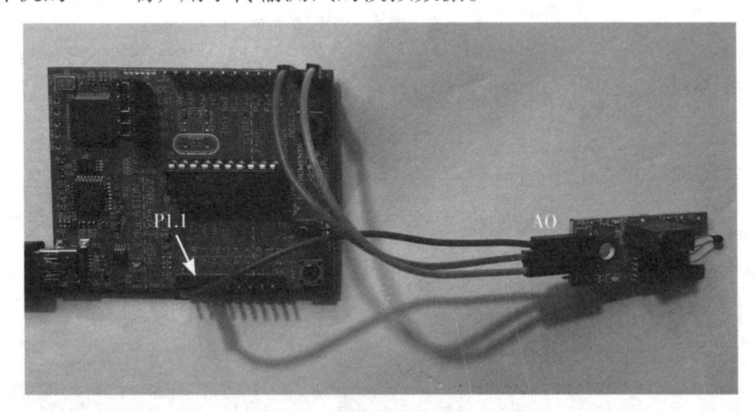

图 4.11　温度传感器模块与单片机开发板相连

（3）编写测试块代码

编写测试块代码，读取温度的模拟值，如图 4.12 所示。调用 LED2，用于显示测试温度的结果。LED2 初始状态设置为熄灭状态，调用模拟输入指令“analogRead（PIN11）”读取单片机 P1.1 的模拟输入量，然后由单片机 I/O 的 A/D 转换波动数字量，如果输入值大于预设值（比如 1022），则 LED2 指示灯点亮。

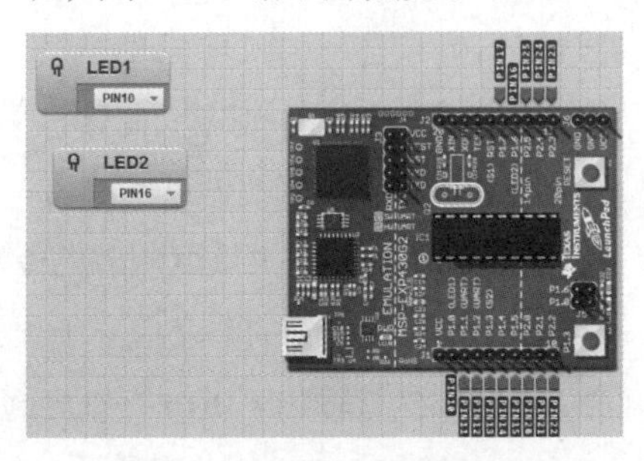

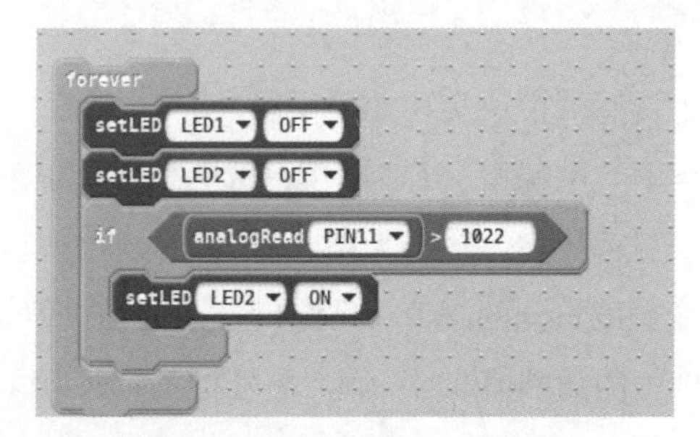

图 4.12　例 4.3 的测试块代码

（4）测试效果

运行块代码，此时室温大约为 26 ℃，调节灵敏度电位器，经过定标，传感器输入的模拟值范围大于 1023，LED2 点亮；当将传感器放入温度较高的水中时，传感器输出的模拟值减小，当检测值小于 1023 时，LED2 熄灭，如图 4.13 所示。

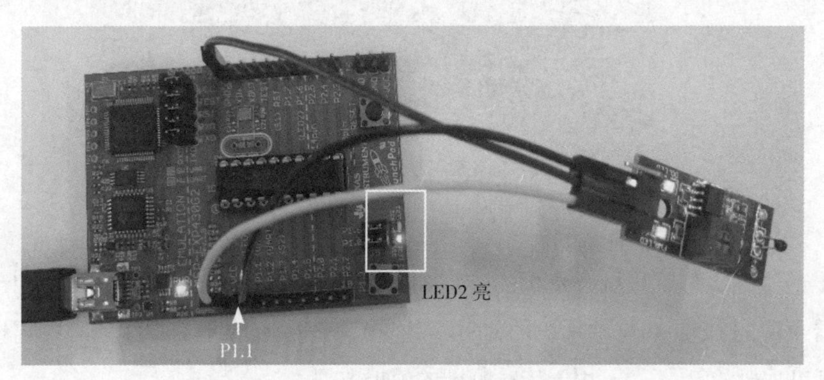

图 4.13　例 4.3 的测试结果

4.2.3　声学类——麦克风传感器模块

麦克风传感器模块对环境声音强度敏感，一般用来检测周围环境的声音强度。使用时注意：当连接数字输出端口时，此传感器只能识别声音的有无（根据振动原理），不能识别声音的大小或者特定频率的声音，灵敏度可调；当连接模拟端口时，需要通过 AD 转换以及计算实现上述功能。

例 4.4　通过灵敏度调节电位器设置声控预设值，检测环境声音强度，如果检测值高于预设值，则 LED1 点亮，否则 LED1 不亮。

（1）实物图

麦克风传感器模块实物如图 4.14 所示。该模块有 4 个引脚，中间两个引脚分别是电源正极（3.3~5 V）和地（G）引脚，两边分别是模拟量输出（AO）和数字量输出（DO）引脚。模拟量输出（AO）引脚的功能是实时输出麦克风的电压信号；而数字量输出（DO）引脚的功能是根据检测到的声音强度输出高低电平，即当声音强度达到预设值时，DO 输出高电平，反之输出低电平。声控的预设值可以通过调节模块的“灵敏度调节电位器”进行设置。

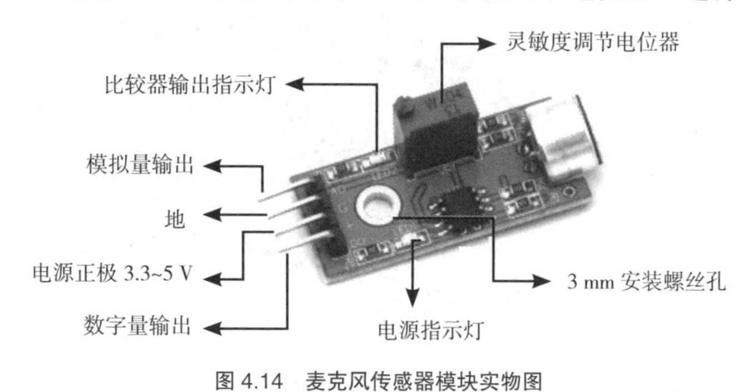

图 4.14　麦克风传感器模块实物图

（2）连线方式

模块与单片机开发板的连接如图 4.15 所示。模块的电源和地分别接开发板的电源和地；麦克风传感器模块的模拟量输出（AO）接单片机 I/O 口的 P1.2。

图 4.15　麦克风传感器模块与单片机开发板相连

（3）编写块代码

LED1 的硬件配置如图 4.8 左图所示，功能测试的块代码如图 4.16 所示。调用 LED1 显示麦克风传感器的测试结果。模块的声控预设值为 90，通过 P1.2 读取传感器模拟量输出（AO）的值，如果测试值大于预设值，则 LED1 点亮 1 000 ms。

（4）测试效果

当麦克风传感器检测值大于预设值时，开发板上 LED1 点亮，另外，由于传感器模块灵敏度电位器的设置值超过输入值，麦克风传感器模块上的“比较器输出指示灯”也可能同时点亮。

```
forever
  setLED LED1 OFF
  while analogRead PIN12 > 90
    setLED LED1 ON
    delay 1000
```

```
1 forever{
2   setLED(LED1,OFF);
3   while((analogRead(PIN12)) > (90)){
4     setLED(LED1,ON);
5     delay(1000);
6   }
7 }
8
```

图 4.16　例 4.4 的测试块代码

图 4.17　例 4.4 的测试效果

4.2.4　光学类——光敏电阻模块、火焰检测和红外循迹模块

1）光敏电阻模块

光敏电阻模块对环境光的光强敏感，一般用来检测环境的亮度和光强。光敏电阻模块有 3 线制和 4 线制两种，4 线制模块如图 4.18 所示，VCC 和 GND 分别接电源正极和地，工作电压为 3.3~5 V，电源指示灯为红色 LED。DO 为数字信号输出接口，AO 为模拟信号输出接口（3 线制没有 AO 口）。模块在无光条件或者光强达不到设定阈值时，DO 端口输出高电平，且比较器输出指示灯不亮；当外界环境光强超过设定值时，DO 端输出低电平，比较器输出指示灯亮（绿色）。

例 4.5　通过灵敏度调节电位器设置光控预设值，检测环境光强度，如果检测值小于预设值，则 LED1 点亮，否则 LED1 不亮。

（1）实物图（4 线制）

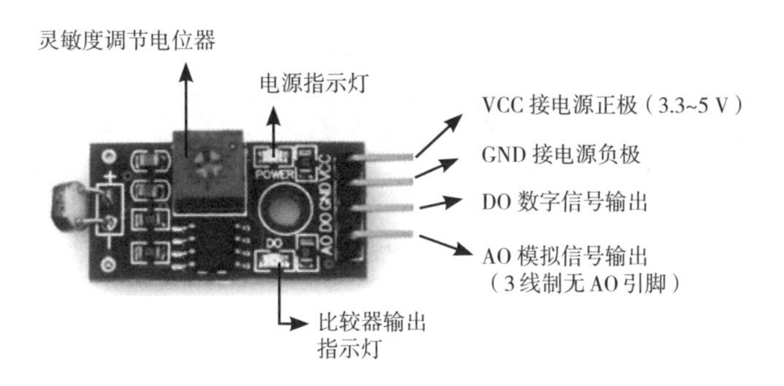

图 4.18　光敏电阻模块实物图

（2）连线方式

光敏电阻模块的 VCC 接开发板的 VCC，GND 接开发板的 GND，DO 端口接开发板单片机 I/O 口的 P1.4 引脚。

（3）编写块代码

LED1 的硬件配置如图 4.8 左图所示。功能测试的块代码如图 4.19 所示。调用开发板上的 LED1 显示光强检测的结果。调用 digitalRead（ ）指令函数通过 P1.4 读取光敏电阻模块光强检测的数字输出 DO 的值。如果检测值小于预设值，则 DO 输出为 1；当 digitalRead（ ）读取值等于 1，则 LED1 点亮，否则 LED1 熄灭。

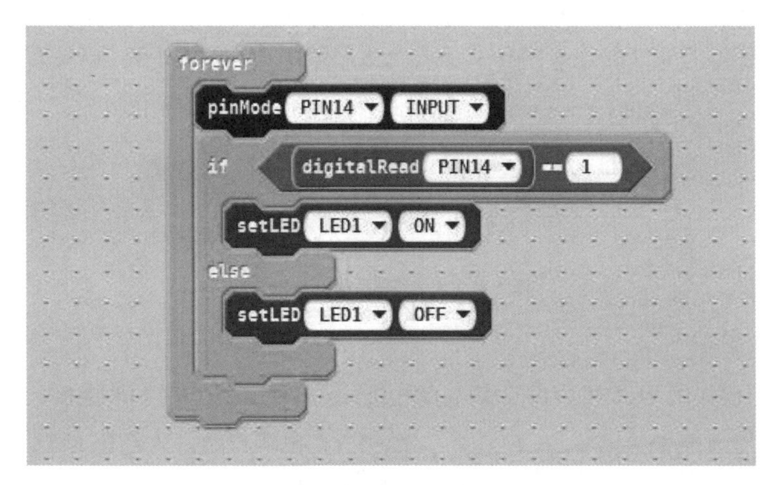

图 4.19　例 4.5 的测试块代码

（4）效果图

块代码运行结果如图 4.20 所示。

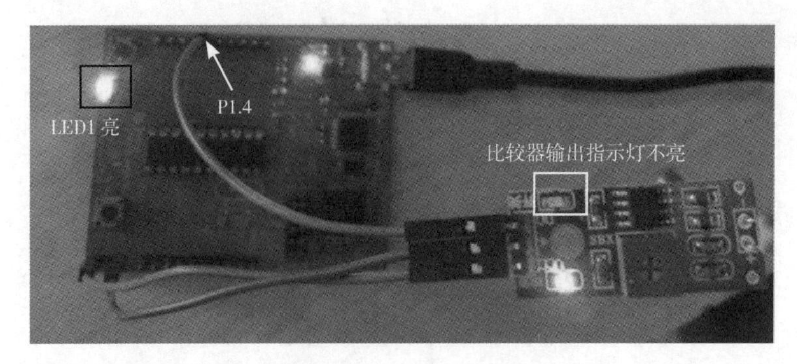

图 4.20　例 4.5 的测试效果

2）火焰传感器模块

火焰传感器对火焰敏感，对普通火光也有反应，一般用作火焰报警等用途，可以检测火焰或波长在 760~1 100 nm 范围内的光源，打火机测试火焰传感器的检测距离为 80 cm，火焰越大，测试距离越远。

例 4.6　通过灵敏度调节电位器设置火焰传感器的预设值，检测火焰强度，如果检测值大于预设值，则 LED1 点亮，否则 LED 不亮。

（1）实物图

模块实物如图 4.21 所示。DO 为数字信号输出接口，AO 为模拟信号输出接口。其输出接口可以与单片机 I/O 口直接相连。注意：传感器与火焰要保持一定的距离，以免高温损坏传感器。

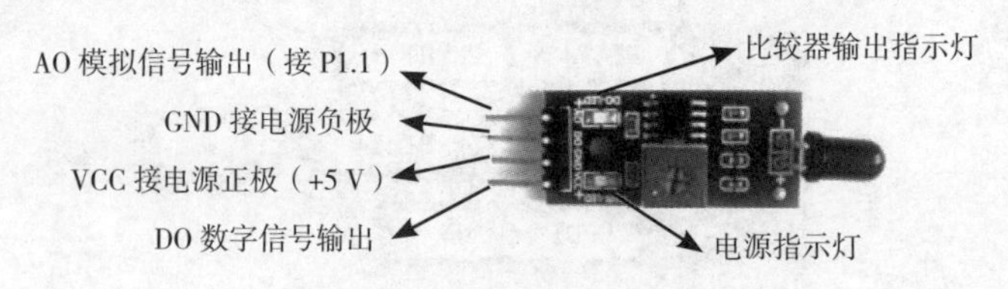

图 4.21　火焰传感器模块实物图

（2）接线方式

火焰传感器模块的 VCC 和 GND 分别与单片机开发板的电源正极和地连接，电源工作电压：3.3~5 V，电源指示灯为红色 LED。模块的 AO 端口接开发板的 P1.1 引脚。

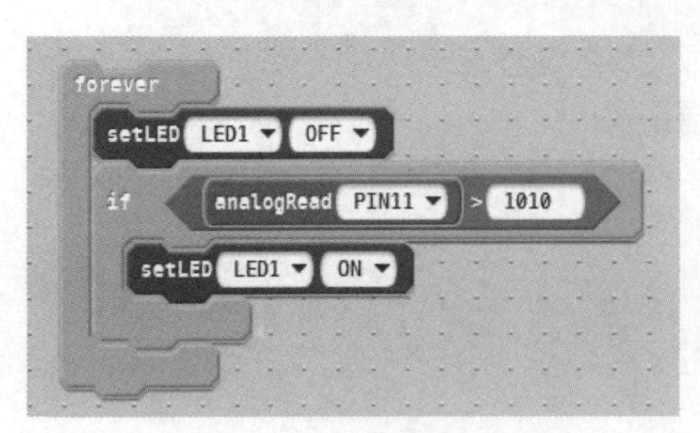

图 4.22　例 4.6 的测试块代码

（3）编写块代码

LED1 的配置参考图 4.8 左图。功能测试的块代码如图 4.22 所示。通过引脚 P1.1 读取火焰传感器模块 AO 输出的值，与预设值（1010）做比较，如果检测值大于预设值，则 LED1 点亮。

（4）测试效果

当火焰传感器没有检测到火焰，或检测值小于预设值（手机照明情况），则 LED1 不亮，火焰传感器模块上的比较器输出指示灯不亮；当火焰传感器检测到火焰，且检测值大于预设值时， LED1 点亮，模块上的比较器输出指示灯亮，如图 4.23 所示。

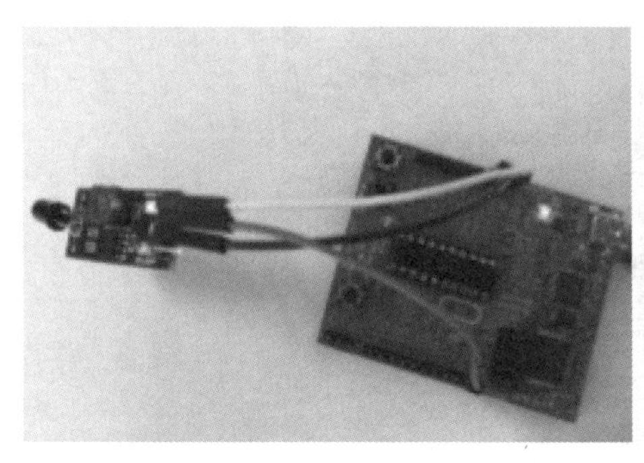
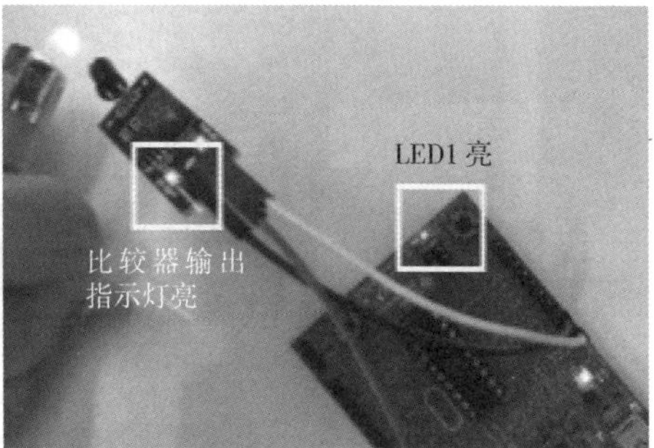

图 4.23　例 4.6 的测试效果

3）红外循迹模块

红外循迹传感器模块对环境光线适应能力强，具有红外线发射与接收管功能，发射管发射出一定波长的红外线，当检测方向遇到障碍物（反射面）时，红外线反射回来被接收管接收，经过比较器电路处理之后，绿色指示灯会亮起，同时数字输出接口输出低电平信号。该传感器有效检测距离为 2~30 cm，检测角度 35° ，可以通过电位器调节检测距离，顺时针调电位器，检测距离增加，逆时针调电位器，检测距离减小。

例 4.7　通过灵敏度调节检测距离，判断检测方向是否有障碍物，如果有障碍物则 LED1 点亮，LED2 不亮；否则 LED1 不亮，LED2 点亮。

（1）实物图

红外循迹传感器模块实物如图 4.24 所示。

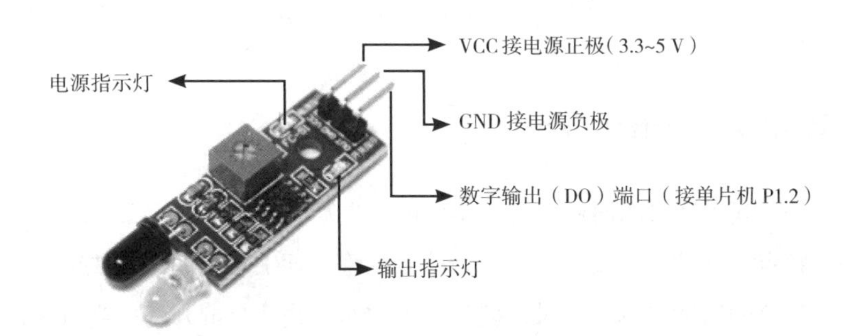

图 4.24　红外循迹传感器模块实物图

（2）接线方式

模块的 VCC 接开发板的 VCC，GND 接开发板的 GND，可采用 3.3~5 V 直流电源供电，当电源接通时，红色电源指示灯点亮。模块的数字输出接口（DO）接开发板的 P1.2 引脚。

（3）编写块代码

功能测试的块代码如图 4.25 所示。其中 LED1 和 LED2 的硬件配置参考图 4.12 左图。

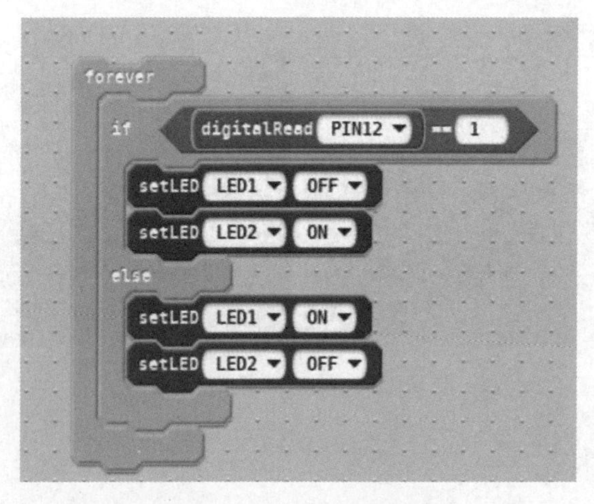

图 4.25　例 4.7 的测试块代码

（4）测试效果

运行块代码，测试效果如图 4.26 所示。该模块能够通过红外线传感器感应到障碍的存在，而实现 LED 灯的开关。

图 4.26　例 4.7 的测试效果

4.2.5　磁学类——磁簧开关

干簧管是干式舌簧管的简称，是一种有触点的无源电子开关元件，具有结构简单、体积小、便于控制等特点，其外壳一般是一根密封的玻璃管，管中装有两个铁质的弹性簧片电板，还灌有一种叫金属铑的惰性气体。平时，玻璃管中的两个簧片是分开的，当有磁性物质靠近玻璃管时，在磁场作用下，管内的两个簧片被磁化而相互吸引接触，簧片就会吸合在一起，使触点所接的电路连通。当外磁力消失后，两个簧片由于本身的弹性而分开，线路也就断开了。因此作为一种利用磁场信号来控制的线路开关器件，干簧管可以作为传感器用，用于计数、限位等，同时还被广泛应用于各种通信设备中。在实际运用中，通常用磁铁控制这两根金属片的接通或断开，所以又被称为“磁簧开关”。

例 4.8　判断磁簧开关的触发状态，接通则 LED1 点亮，LED2 不亮；否则 LED1 不亮，LED2 点亮。

（1）实物图

磁簧开关模块实物如图 4.27 所示。干簧管需要和磁铁配合使用，在感应到有一定磁力的时候，会呈导通状态，模块输出低电平；无磁力时，呈断开状态，输出高电平，干簧管与磁铁的感应距离在 1.5 cm 之内，超出则不灵敏或无触发现象。

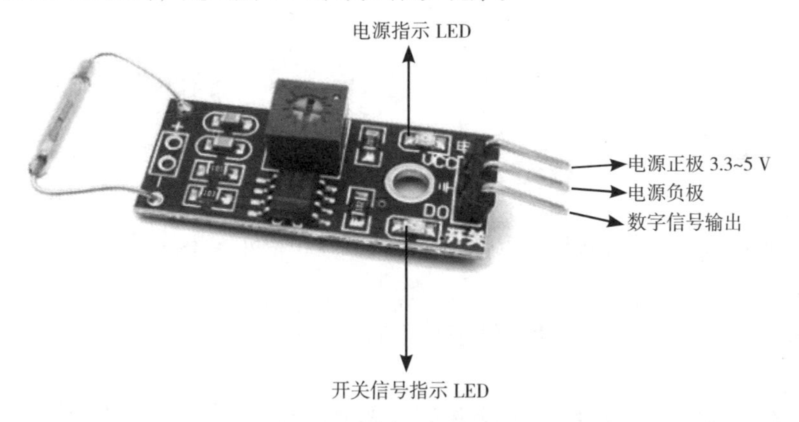

图 4.27　磁簧开关模块实物图

模块的 VCC 接开发板的 VCC，GND 接开发板的 GND，工作电压为 3.3~5 V；模块 DO 输出端可以与单片机 I/O 口 P1.2 直接相连，通过单片机可以检测干簧管的触发状态。

（2）编写块代码

磁簧开关测试块代码如图 4.28 所示。有磁力的时候，通过 digitalRead ( ) 指令读取 P1.2 引脚的值，该值为 0，则 LED1 点亮，LED2 熄灭；反之，无磁力时，digitalRead ( ) 指令读取 P1.2 引脚的值为 1，则 LED1 熄灭，LED2 点亮。

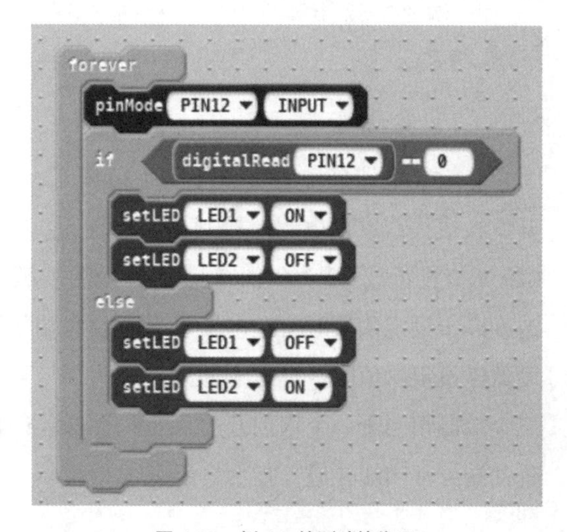

图 4.28　例 4.8 的测试块代码

（3）测试效果

运行块代码，测试结果如图 4.29 所示。

LED1 和 LED2 的配置见图 4.12 左图。

图 4.29　例 4.8 的测试效果

4.3　执行机构

执行机构是把输出电信号转换为机械转动、声音输出或光输出的部件。

4.3.1　电机类——热敏继电器控制模块

常见的电机（直流电机或步进电机）是最典型的把电信号转化为机械运动的执行机构。

例 4.9　利用单片机开发板输出信号，控制继电器触点的通断。

（1）实物图

热敏继电器模块的实物如图 4.30 所示。该模块是一个 5 V 继电器模块，可以用作单片机开发板模块或家用电器的控制模块，有 5~12 V 的 TTL 控制信号，控制直流负载，也可以控制 220 V 交流负载。热敏电阻模块对环境温度敏感，一般用来检测周围环境的温度变化。在环境温度高于设定阈值时，继电器吸合，公共端与常闭触点接通，与常开触点接通；当外界环境温度低于设定阈值时，继电器断开，公共端与常开端断开，与常闭端接通。公共端、常开、常闭三个端口相当于一个双控开关，继电器线圈有电时，公共端与常开端导通，指示灯亮；无电时，公共端与常闭端导通，指示灯不亮。

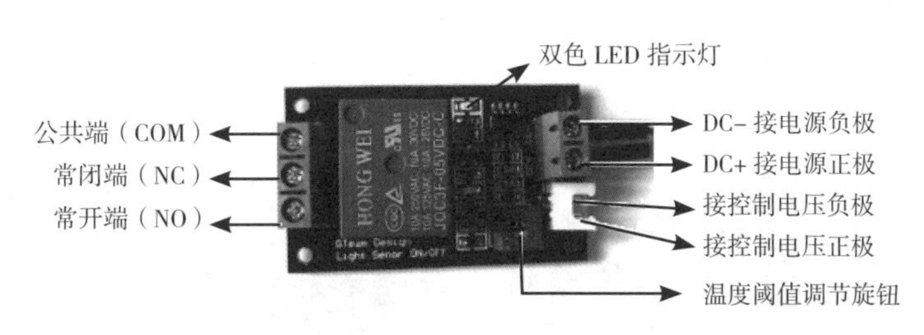

图 4.30　继电器模块的实物图

（2）连接方式

继电器模块的 DC+ 接开发板的 VCC，模块的 DC- 接开发板的 GND，此时继电器模块指示灯亮，如图 4.31 所示；当用单片机 GND 接继电器控制电压负极时，听见"啪"的一声，指示灯熄灭，说明该模块此时工作在低电平触发；把该控制端接到单片机 I/O 口 P1.2，即当 P1.2 为低电平时，继电器触发。

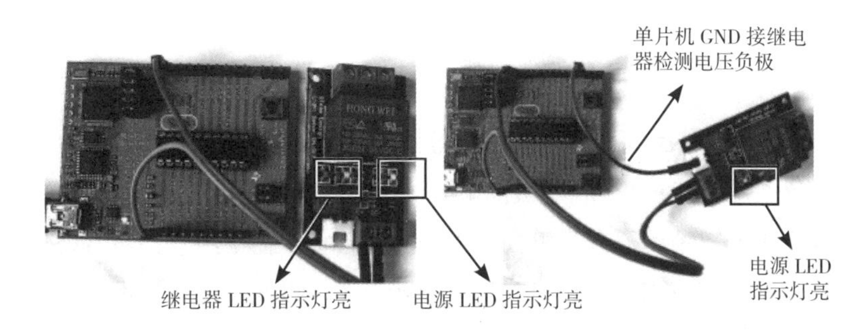

图 4.31　继电器模块与开发板连接

（3）编写块代码

功能测试的块代码如图 4.32 所示。设置开发板 P1.2 为输出模式，在 P1.2 输出高电平，延迟 5 000 ms（5 s），再改变 P1.2 的输出电平为低电平，延迟 1 000 ms（1 s）。

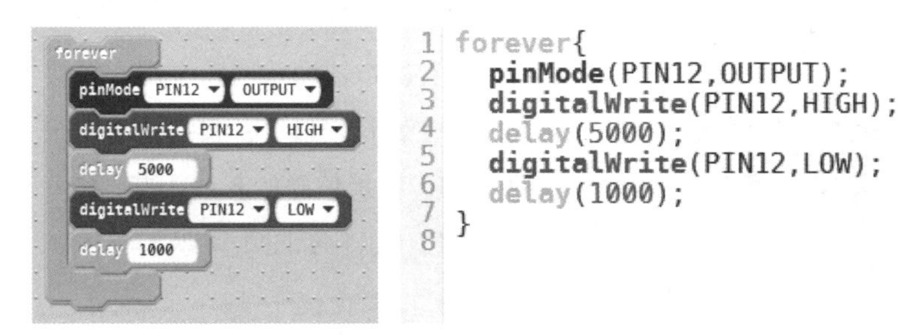


```
1 forever{
2   pinMode(PIN12,OUTPUT);
3   digitalWrite(PIN12,HIGH);
4   delay(5000);
5   digitalWrite(PIN12,LOW);
6   delay(1000);
7 }
8
```

图 4.32　例 4.9 的测试块代码

（4）运行效果

运行块代码，首先会听到"啪"一声，继电器通电，则常闭触点断开、常开触点闭合，持续 5 s（此时可用万用表测量常开和常闭触点的状态）；然后，再次听到"噼"的一声，继电器断电，则常开触点断开、常闭触点闭合，持续 1 s（此时，同样可以用万用表测量常开常闭触点的状态）。也可以通过模块指示灯观察线圈通断电的情况，效果如图 4.33 所示。

图 4.33　例 4.9 的测试效果

4.3.2　电声类——蜂鸣器和扬声器

把电信号转换为声音信号的器件包括扬声器和有源蜂鸣器。

扬声器使音频电能通过电磁、压电或静电效应，让纸盆或膜片振动并与周围的空气产生共振（共鸣）而发出声音。扬声器分为内置扬声器和外置扬声器，内置扬声器是指 MP3 播放器具有内置的喇叭，这样用户不仅可以通过耳机插孔，还可以通过内置扬声器来收听 MP3 播放器发出的声音。外置扬声器一般是指音箱。音箱是将音频信号变换为声音的一种设备，一般自带功率放大器，对音频信号进行放大处理后由音箱放出声音，使声音变大。

（1）实物图

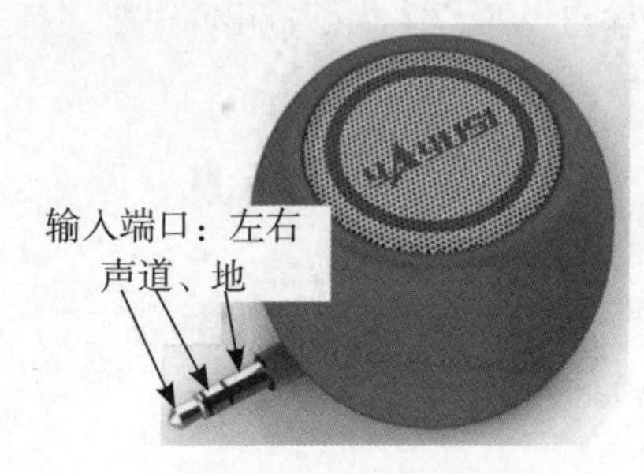

图 4.34　扬声器实物图

外置扬声器（音箱）实物如图 4.34 所示。

（2）连线方式

一般外置扬声器的接线为专用音频接线，因此需要将导线焊接在音箱接口上；将接地的白线（地）接在开发板的 GND，将接信号的灰线（左 / 右声道）接在单片机的 I/O 口 P1.1 上。如图 4.35 所示。

（3）编写块代码

功能的调用和块代码编写如图 4.36 所示。检测到按钮“BUTTON1”按下，则扬声器播放声音文件。

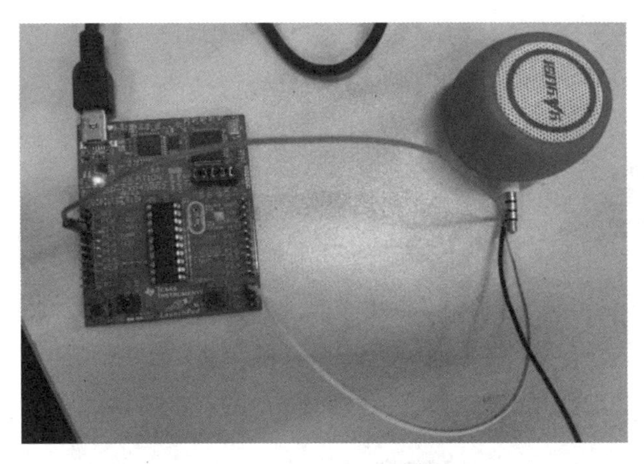

图 4.35　扬声器与开发板连接

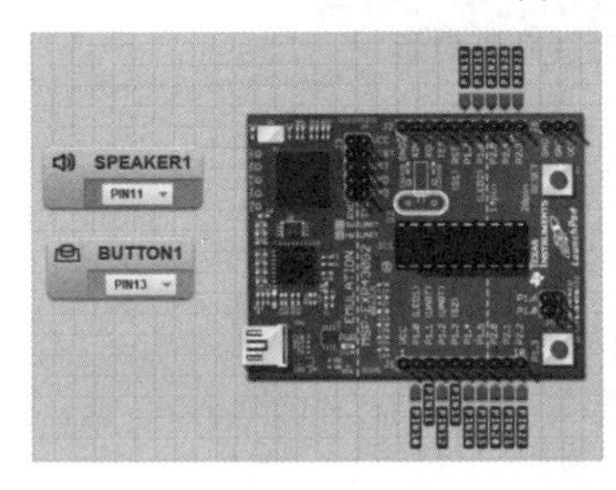

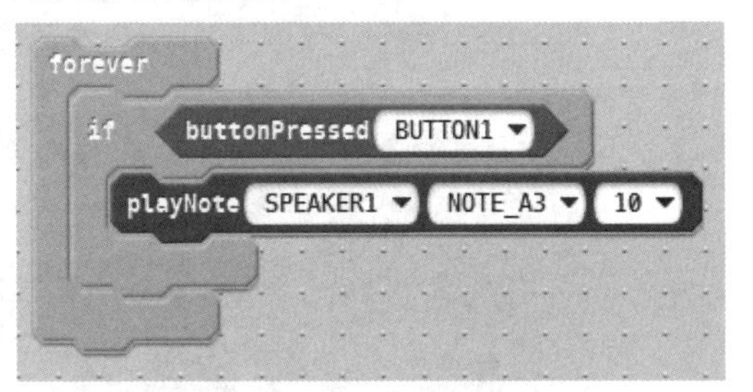

图 4.36　扬声器功能测试

4.3.3　电光类——发光二极管和激光二极管

光学类执行机构的主要代表为电光器件，包括红、绿单色 LED 和 RGB 三基色 LED 以及激光二极管等，下面重点介绍激光二极管（LD）。

激光二极管在计算机的光盘驱动器、激光打印机中的打印头、条形码扫描仪以及激光测距、光通信系统、激光指示等小功率光电设备中得到了广泛的应用。激光二极管能直接利用电流调制其输出光的强弱，因为输出光功率与输入电流之间多为线性关系，所以激光二极管可以采用模拟或数字电流直接调制输出光的强弱，可省掉昂贵的调制器，使其应用更加经济实惠。

例 4.10　通过按钮操作，改变激光二极管 LD 的输出光强度，即当按钮按下一次，对应 LD 输出强度发生一次改变。特别提醒：观察 LD 输出强度时，不能直视，可能导致眼睛严重受伤！

（1）实物图

激光二极管模块实物如图 4.37 所示。其工作电压为 5 V，光源波长为 650 nm。

图 4.37　激光二极管模块实物图

（2）设计思路

通过按钮响应，设置单片内部数模 D/A 转换器的值，该值转换后的模拟量由单片机模拟端口输出，并控制 LD 模块的控制端 S，从而达到控制 LD 输出强度的目的。

（3）模块端口连接

首先，利用开放板自带的按钮，其配置端口为 P1.3；其次，连接 LD 模块的“-”端到开发板 GND，“+”接到开发板 VCC，” S”端接到单片机 I/O 口 P1.2，硬件连接关系如图 4.38 所示。

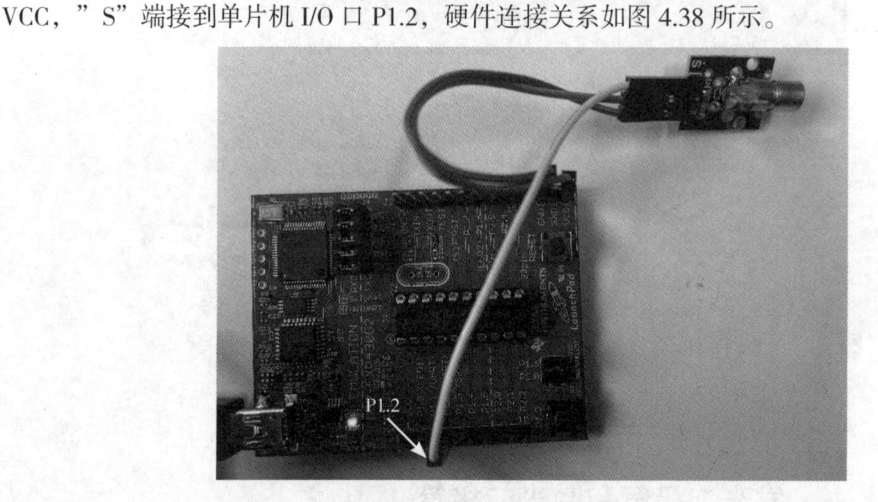

图 4.38　LD 模块与单片机的硬件连接

（4）代码块编写

首先，拖出“BUTTON1”元件块并绑定端口于 PIN13，即单片机 P1.3 脚；其次，在软件变量区 Variables 新定义一个变量，命名为：intensity，用于保存当前 LD 强度；最后，在块代码中编写程序，intensity 初始值设为 10；通过响应按钮的操作，对 intensity 变量进行动态增量调节（如 +20）；其中，受限于单片机内部 8 位 D/A，该变量的最大值为 255，当检测到 intensity 的值大于 255 时，intensity 的值清零；当 intensity 的值改变时，激光二极管的亮度随之改变。参考代码块如图 4.39 所示。

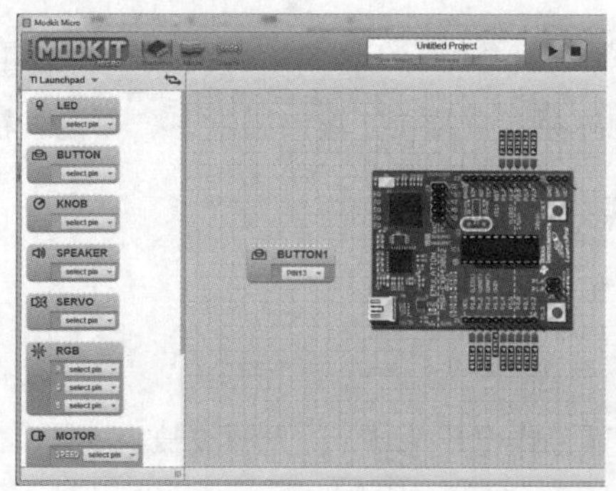

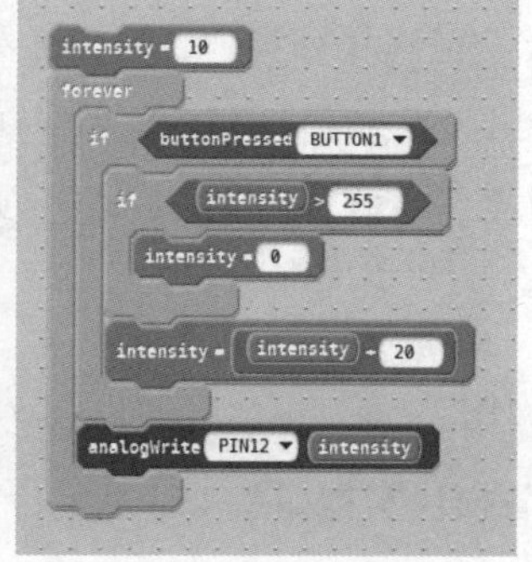

图 4.39　例 4.10 的测试代码块

4.4　练习与思考

根据基本物理量构建的各类传感器提供了单片机获取外部数据的来源，但是这些传感器在模拟、延伸和拓展人的感知方面还有很多不足，我们日常使用的照相机在某种程度上模拟了人眼的图像提取，但是，人的众多神经元感知，除了视觉，还包括嗅觉、触觉和听觉等具有显著的非线性特征，传统器件显然无法满足上述要求，请思考如何更好地模拟上述感知过程，这样的传感器是怎样设计制造的。

第 5 章

电子艺术——基于 MSP430 的创意电路设计与实现

内容概述：

本章主要探讨如何将电子电路与折纸艺术和谐地结合在一起，创造出一种互动电子艺术品——“纸电路”。重点介绍将电路构建、代码编程与折纸工艺相结合开展电子艺术创意设计的过程。首先，概述了用纸张制作电子艺术作品的构成要素、基本工具、材料和制作流程；其次，将声、光、热等传感器与卡片制作和折纸工艺相结合，通过案例教学的方式使学生掌握基本电路知识、传感器应用及折纸工艺相结合的创意实现方法。

教学目标：

• 了解纸质电子艺术的基本原理及构成要素；

• 掌握纸质创意电路的制作流程，掌握传感器在纸电路中的应用，通过编程实现基本功能；

• 通过案例学习，深入了解电路模块、编程模块与纸工艺的结合，创造出更有趣的电子艺术。

5.1 电子艺术

5.1.1 电子艺术概述

电子艺术是艺术与技术，尤其是与人工智能和谐融合，所产生的一种变革性的艺术形式。

电子艺术这个词几乎等同于计算机艺术和数字艺术。计算机艺术一词，多用于计算机生成的视觉艺术作品。然而，电子艺术有更广泛的内涵，指的是包括任何类型的电子元件的艺术品，如音乐、舞蹈、建筑和表演作品。这是一个跨学科的领域，侧重于艺术、科学和技术的交叉融合。

电子艺术作为一种非传统意义的艺术，适应更广泛的时间和空间领域，带来艺术的新思维与新视野，在当今的艺术领域占有举足轻重的地位。电子艺术不同于美术艺术、雕塑艺术、音乐艺术等传统艺术，它是创造性实践的产物，同时具有媒体审美理论所关注的独有特质。观念的创新和技术的进步，将推动电子艺术蓬勃发展。

5.1.2　“纸电路”设计理念

纸电子艺术以纸电路套件作为学习材料，让学生充分发挥创造力进行艺术创作，实现其创意。学生在创意的设计及实现过程中，通过动手组装各种元器件搭建电路，围绕电路的不同搭建方式、如何使纸电路实现完美艺术效果等进行探究，将艺术创作和纸电路融合应用，使得二者相得益彰，创作出个性化的创意产品。

（a）　（b）

（c）　（d）

图 5.1　“纸电子艺术”示例

5.1.3　纸电子艺术编程模块

每个元件模块上都标注了元件的中文名称、英文字符和电路符号，模块的背面是对该元件的简单解释，帮助学生了解元件的基本功能。此外，每个模块的端口都巧妙地设置了焊盘位置，只要用导电双面胶粘住就可以让两个模块牢牢连在一起，实现电路连接。

纸电路编程套件包括第 4 章所介绍的力、热、声、光、电、磁等常见传感器模块和执行机构外，还包括常见基本电子元件模块（电阻、电容、电感、开关、电池等），以及 MSP430 开发板 1 块、MSP430 下载连接器 1 个，CR1220 纽扣电池模块 1 个，USB 数据线一条。

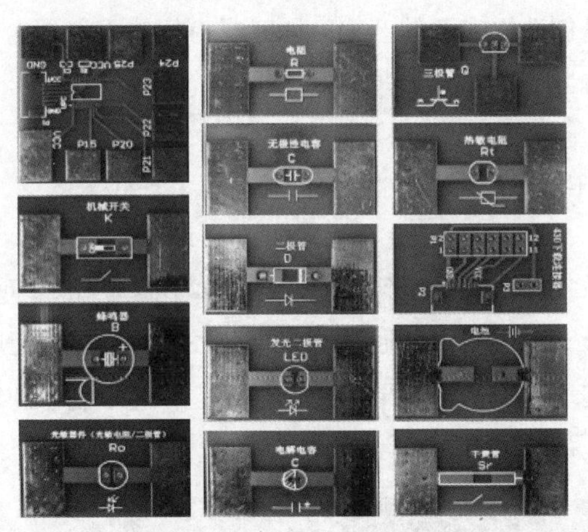

（a）基本电子元件模块

（b）MSP430 开发板

（c）USB 数据线

图 5.2　纸电子艺术的硬件模块

5.2　纸电子艺术的原理及流程

5.2.1　纸电路的原理

纸电路就是利用导电胶带代替导线，把简单的硬件模块粘接起来，搭建简单或复杂的应用电路，配合折纸艺术，在纸表面上制作出完整的电子艺术产品。例如，发光贺卡、音乐贺卡就是纸电路的一种创意产品。纸电路游戏性、趣味性强，不需焊接，简易安全，折纸、绘画与趣味电路的结合让低龄儿童在游戏中探索电路应用的奥秘。

纸电路不仅涉及发光二极管、扬声器、电池等元器件的简单组合应用，还要运用单片机可视化编程和传感器模块承载智能感应开关技术，融合立体纸模型的制作方法，通过导电胶带快速拼接出各种应用电路，听到或看到声、光、电效果，通过编程实现诸多趣味性功能。

纸电路让孩子们在拼接游戏中轻而易举地理解并实现教科书中原本枯燥的电学原理，在玩乐中进入奥妙无穷的电子世界，创造鼓舞人心的纸制电子艺术品，拓展他们的创新思维。

5.2.2　构成要素

1）MSP430 模块

纸电路编程套件核心是搭载 MSP430 主控芯片的单片机模块，模块具有多达 24 个支持各种传感数据输入的 I/O 引脚，带内部基准、采样与保持以及自动扫描功能的 10 位 200 kbit/s 的模 / 数 (A/D) 转换器，宽电压电源供电（1.8~3.6 V），可以满足大多数实验案例的需求。

2）折纸工艺

纸张这种原材料丰富且廉价，还易于使用。纸有多种形式，具有各种各样的性质：硬纸板具有建筑结构和机械的刚性形式；组织和纤维纸可以作为柔性纺织品的替代物；纸浆可以像黏土一样被塑造和雕刻。这些材料都足够安全、柔软，不需要专门的工具和机械就可以手工操作，通过折纸等多种纸工艺表达技术和方法，可将学生创新的注意力从实现技术的需求转移到实现艺术和表达的愿景上。

3）工具、材料及电子元件

用于构建纸电子电路的部分工具、材料和元件，如图 5.3 所示。

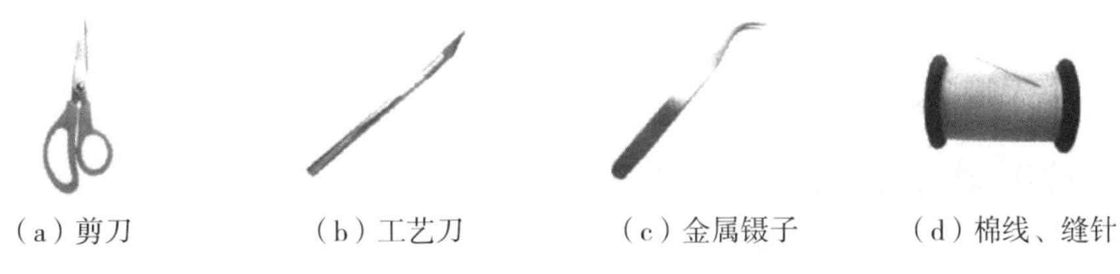

（a）剪刀　（b）工艺刀　（c）金属镊子　（d）棉线、缝针

图 5.3　工具

剪刀是必不可少，用于切割导电胶带、纸张、织物和线头。手工刀可以方便精确地沿设计形状切割纸张。在电子元件连接过程中，需要用金属镊子夹住元件。最后，缝针和棉线可用于部件连接、固定和缝合。

此外，需要使用图 5.4 所示的电子工具构成基本的电子工作台。

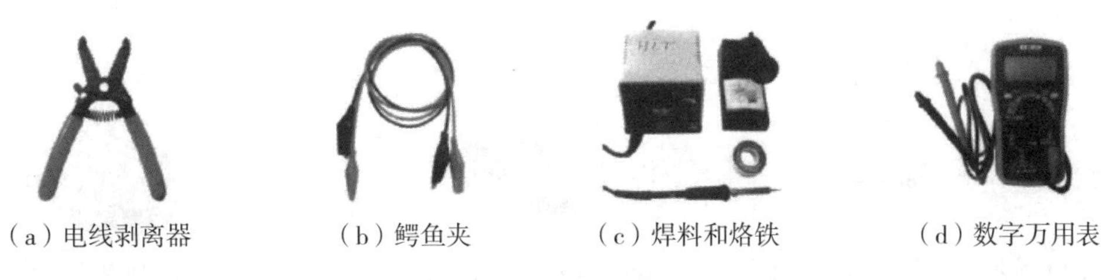

（a）电线剥离器　（b）鳄鱼夹　（c）焊料和烙铁　（d）数字万用表

图 5.4　基本的电子工具

首先，带钳子头的剥线器有助于去除电线周围的塑料绝缘，以便连接导电。它们还可以夹断过长的电子元件，以便于将引脚粘在纸上。其次，鳄鱼夹可以方便快速的连接临时元件之间的电路原型，一旦电路测试完成，元件可以用胶带连接固定。最后，用数字万用表可以测量电路的特性，主要是电阻、电压、电流和两点之间的连续性，这个工具对于调试复杂的电路是至关重要的。

图 5.5 所示是制作 LED 发光电路的最基本的材料和组件：LED 是一种通电后发光的电子元件，表面贴装 LED 最容易与纸工艺结合，因为它们紧凑，可以平铺在纸上。为了帮助学生清楚地认识实物元件，也可以选择 LED 插件连接方式的组件。使用纽扣电池为电路供电；3 V 纽扣电池很适合为 LED 供电，其功率足以点亮 LED 灯，且体积小，质量轻，形状扁平，所有这些特性使得纽扣电池特别容易与纸电路结合使用。

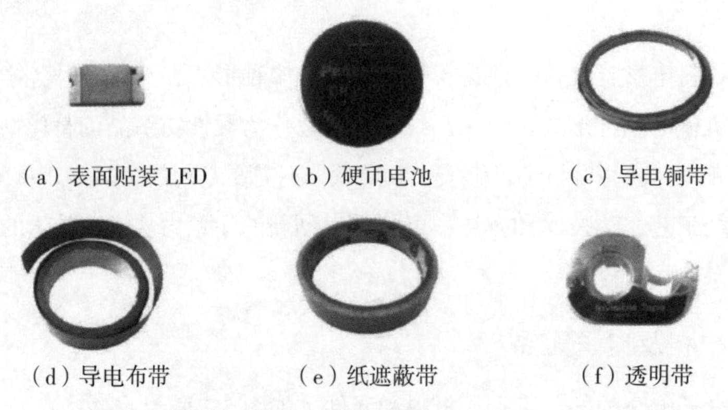

（a）表面贴装 LED　（b）硬币电池　（c）导电铜带

（d）导电布带　（e）纸遮蔽带　（f）透明带

图 5.5　基本 LED 发光电路的材料和元件

为了保障低龄段学生的使用安全，建议用导电铜带和导电布带代替导线连接电路的各个部件。纸胶带可用来隔离重叠的痕迹。

4）传感器和执行机构

除了制作基本的 LED 电路之外，第 4 章中所介绍的传感器、麦克风和蜂鸣器等元器件可以用来制作各种常见的传感和声音电路，它们与单片机图形化编程配合使用将带来更好的互动效果。图 5.6 所示是一些常用于传感和声音电路的材料和元件。

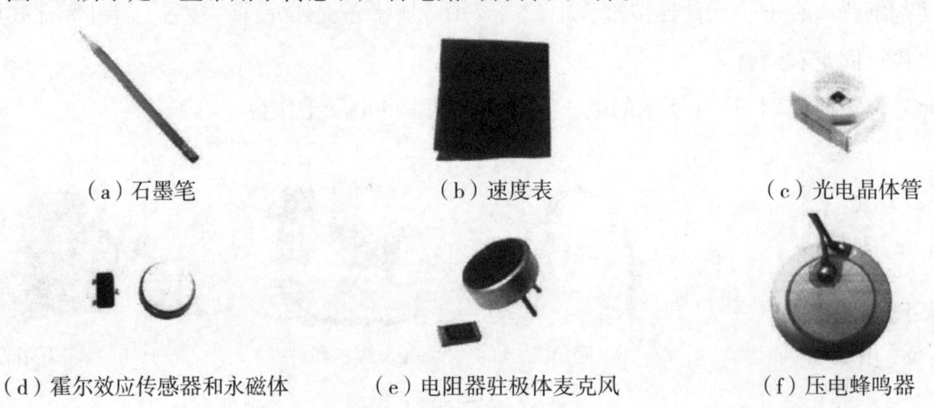

（a）石墨笔　（b）速度表　（c）光电晶体管

（d）霍尔效应传感器和永磁体　（e）电阻器驻极体麦克风　（f）压电蜂鸣器

图 5.6　用于传感和声音电路的材料和元件

石墨铅笔可以用来制作纸张电位器；速度表是一种塑料薄膜，其电导率随压力变化，用于制作压力和弯曲传感器；光电晶体管可以很好地感知周围环境的光强，霍尔效应传感器可以感知永磁体的存在；磁铁对于维持电路中的机械连接也很有用；驻极体麦克风是一种廉价和紧凑的感知环境声音的器件；最后，压电蜂鸣器是一个非常轻薄的扬声器元件。

5.2.3　纸电路制作技巧

1）导电胶带粘贴技巧

首先注意，导电胶带为双面导电。

（1）转角处理

将胶带堆压折叠，使胶带的正面在折叠处相互充分接触。

（图示白色部分为导电胶带正面保护膜，灰色部分为导电胶层）

图 5.7　胶带的转角粘贴技巧

（2）相交处理

胶带正面往背胶层弯曲折叠粘贴，使胶带的双面均为正面，然后与另一段需相交的胶带正面相互充分接触，剪一小段导电胶带贴在接触位置上，用于固定触点。

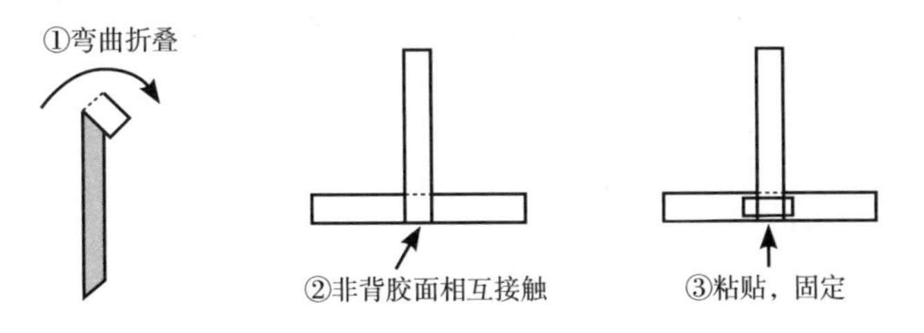

（图示白色部分为导电胶带正面保护膜，灰色部分为导电胶层）

图 5.8　胶带的相交粘贴技巧

2）元件处理技巧

（1）LED 灯

首先注意，灯与电池的连接方式为正极与正极相连，负极与负极相连。

①根据引脚的长短判断正负极：长引脚为正极，短引脚为负极。或可根据灯管内大小三角

形判断：小三角形一侧为正极，大三角形一侧为负极。

②弯曲折叠引脚，摊平，置于导电胶带上方（非背胶层）。

③剪一小段导电胶带横放于两边引脚上方固定即可。

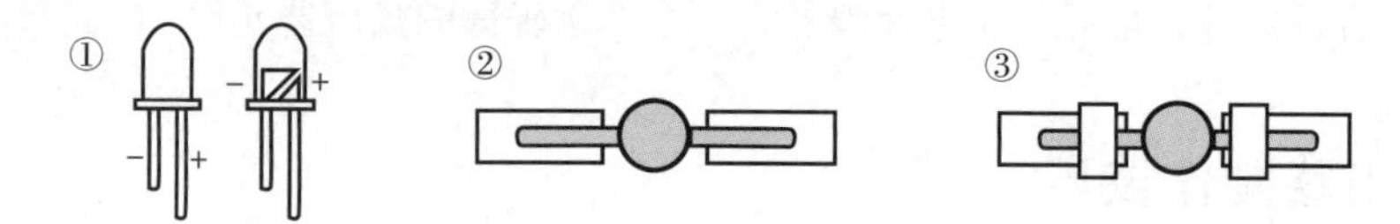

图 5.9　LED 的粘贴技巧

（2）纽扣电池

①正上方引脚为正极（有“+”号标志），下方引脚为负极；

②把电池两引脚弯曲摊平，并置于导电胶带上方（非背胶层）；

③剪一小段导电胶带横放于两边引脚上方固定即可。

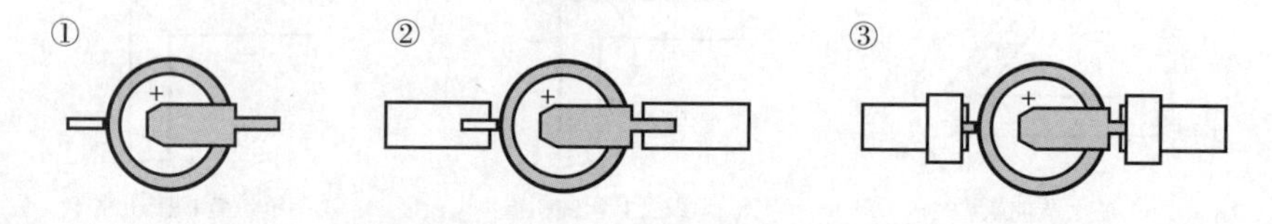

图 5.10　纽扣电池的粘贴技巧

5.2.4　制作流程

纸电子艺术作品的制作包括多个步骤，首先采用折纸等工艺方法制作造型，然后结合电路与编程技术开发作品功能，最后融合完成纸电子艺术作品。下面通过一个案例来详细解说纸电子艺术作品的制作流程。

例 5.1　制作一朵发光的郁金香。

功能描述：本例将采用折纸方法制作一朵纸郁金香，然后在郁金香中间放置一颗 LED 灯，通过电路把 LED 灯、电源和单片机控制模块连接起来，并且结合 MSP430 模块及其编程方法控制 LED 灯的亮与灭，实现发光郁金香的功能。具体制作步骤如下：

（1）纸结构搭建

按照图 5.11 所示折纸步骤，做一朵纸郁金香，成品如图 5.12 所示。

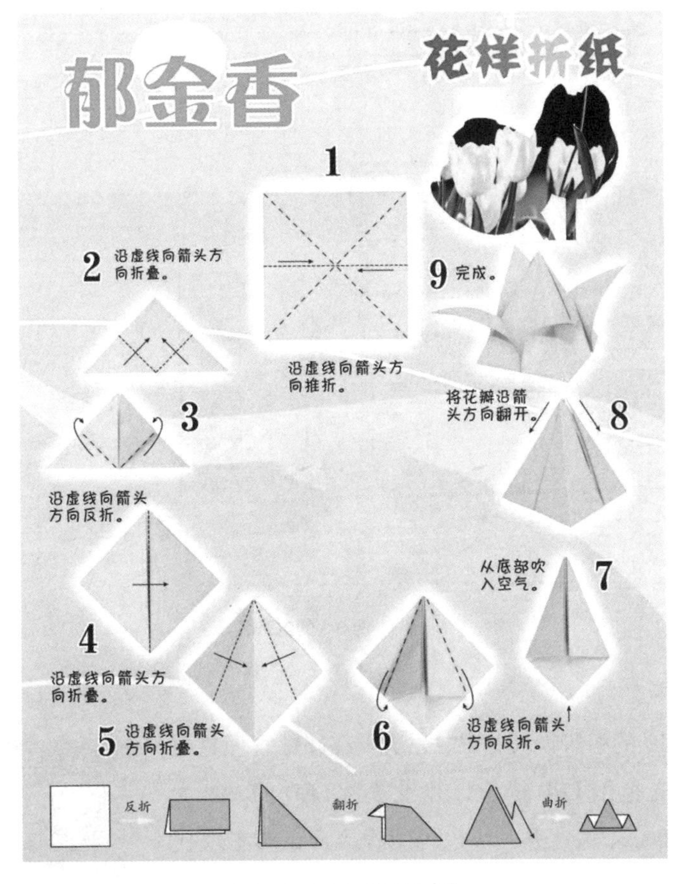

图 5.11　郁金香的折纸步骤

（a）俯视图

（b）左视图

图 5.12　纸郁金香的实物图

（2）电路元件模块连接

按照图 5.13 所示电路图，使用导电胶带把发光二极管的正负极、电池的正负极、单片机模块和开关连接成电路。开关控制电路的接通和断开，通过单片机模块编写的程序控制发光二极管的亮与灭。

发光郁金香

SET4Kids

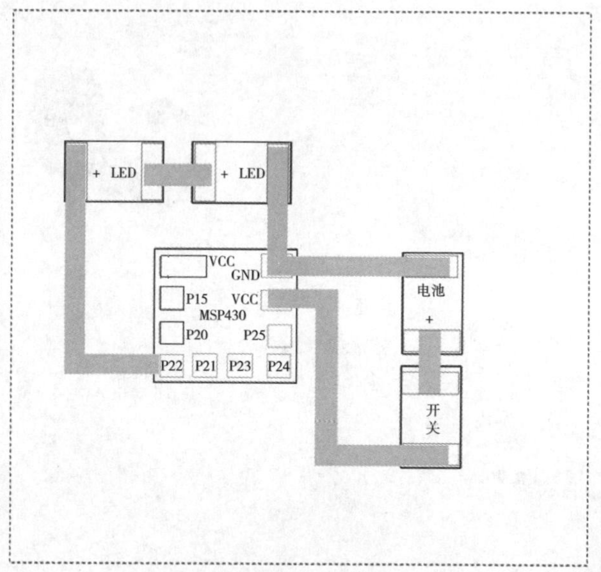

图 5.13　例 5.1 的电路图

（3）块代码编程

本例中，把 LED 的引脚设置为 P22，所以在硬件管理界面“Hardware”中首先拖出 LED 模块，并设置该 LED 的 PIN 为 P22。然后点击“Blocks”，进入块代码编程界面，参考块代码如图 5.14 所示。

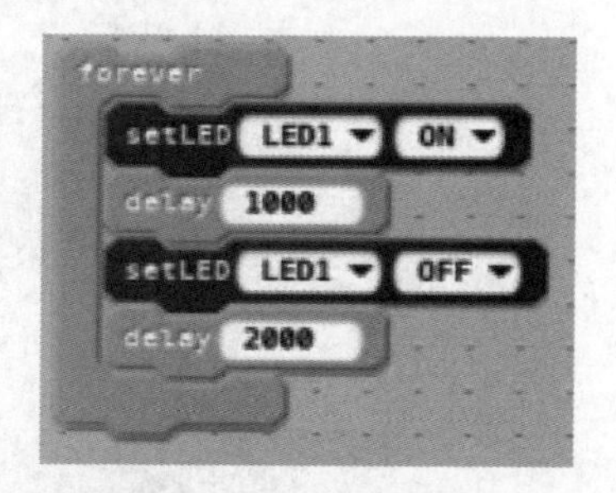

图 5.14　例 5.1 的块代码

（4）外观装饰

进一步对郁金香进行个性化设计，比如在纸质郁金香的外部涂色，或是添加花径，或是制作多种不同颜色的郁金香花束，或是制作花篮、托盘等装饰、造型。

（5）测试

作品完成后，单击菜单栏的“运行（Play）”按钮，提示成功后，程序就会在单片机控制模块中运行起来，控制 LED 实现亮 1 s 灭 2 s 的闪烁效果。发光的郁金香成品如图 5.15 所示。

（6）评估

在实际训练的过程中，当作品制作完成之后，可以集中组织一次答辩，学生陈述其创意、所采用的方法和制作过程，并展示其作品；多个小组同时开展时，可以进行相互品评，指导教师也可进行适当点评。这个环节是学生创意、表达、鉴赏、批判、沟通等多种能力综合训练的重要环节。

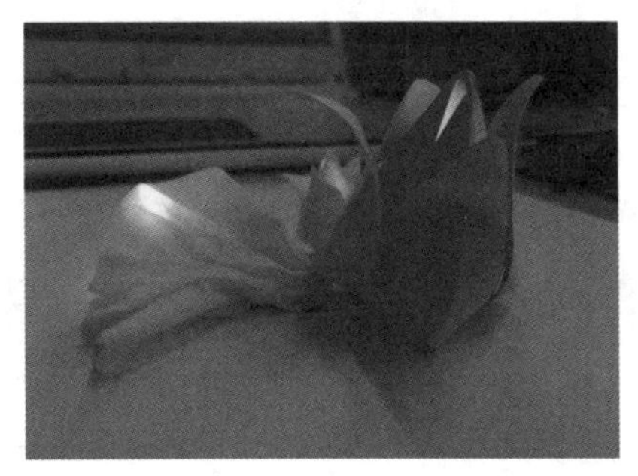

图 5.15　例 5.1 的成品

5.3　纸电子艺术创意案例

5.3.1　闪烁的星星

例 5.2　使用多个发光二极管，通过干簧管控制 LED 点亮，模拟星星闪烁。

功能描述：使用两个发光二极管、两个干簧管和纽扣电池，用导电胶带连接成闭合电路，通过磁铁扰动，使 LED 灯交替闪烁。

（1）电路连接

所需元件模块如图 5.16 所示：发光二极管 2 个，干簧管 2 个，纽扣电池 1 个，磁铁 1 个。所需工具：剪刀、彩铅、A4 纸、导电胶带若干。用导电胶带按图 5.17 所示电路将电子元件粘贴到电路的相应位置上，连接成闭合的回路，注意区别电源和发光二极管的正负极，避免短路。

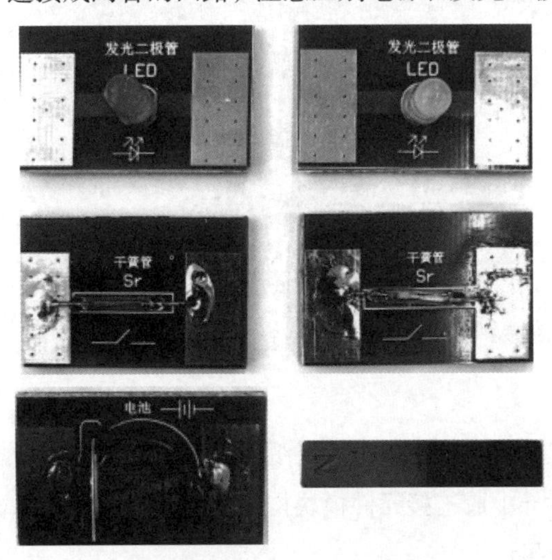

图 5.16　例 5.2 所需电子元件模块

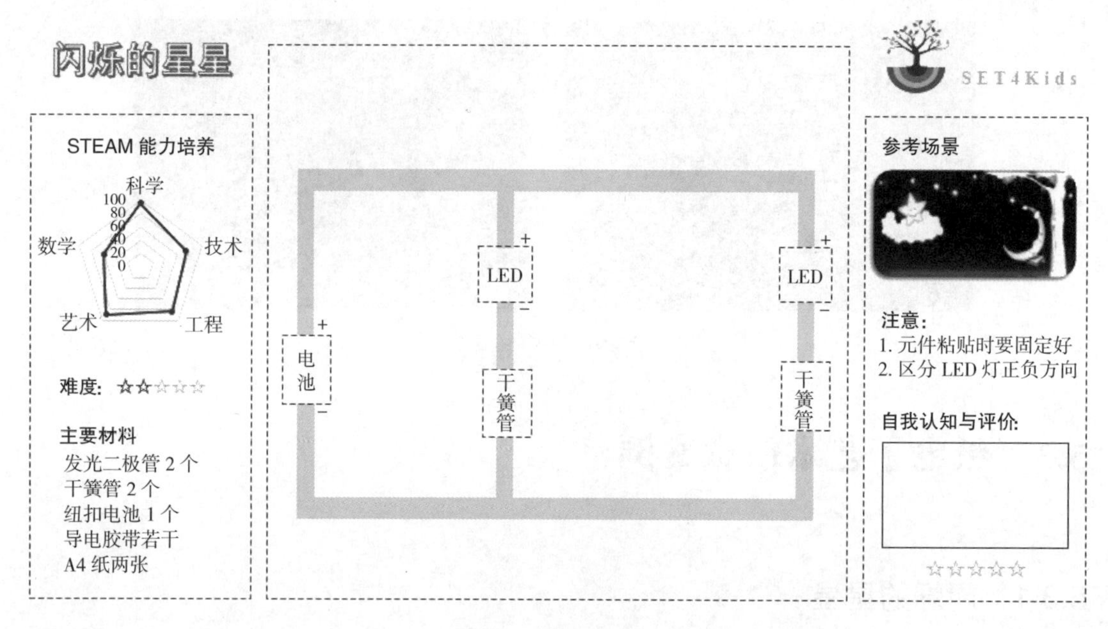

图 5.17　例 5.2 电路图

连接好的电路如图 5.18 所示。

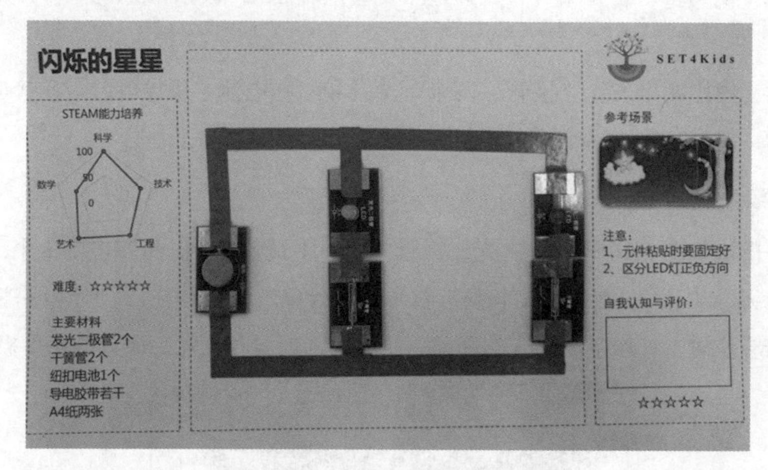

图 5.18　例 5.2 实际电路

（2）电路测试

当磁铁靠近干簧管时，LED 灯就会亮；把磁铁在干簧管周围晃动，LED 灯就会不停闪烁，就像星星一样闪烁。实际效果如图 5.19 所示。

（3）外观创意

学习者也可以充分发挥自己的想象力，在纸上创作出一幅星空的图画，根据需要任意改变元件模块的位置，用柔性导电胶连接元件模块构成电路，然后把电路置于图画下方，最后操作磁铁，形成闪烁星空的效果。

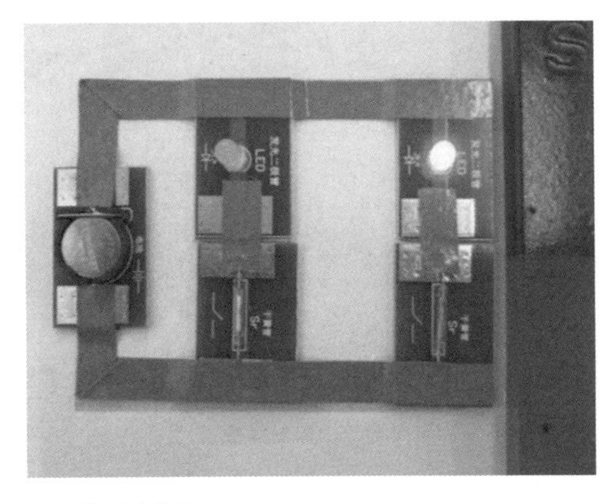

图 5.19　例 5.2 的测试效果

5.3.2　小车

例 5.3　制作带车灯和喇叭的纸小车，并且车灯和喇叭可以根据预设功能工作。

功能描述：制作一辆纸质小车，采用 2 个 LED 模拟车灯、蜂鸣器模拟喇叭，通过单片机控制 LED 车灯每隔 1 s 闪烁 1 次，蜂鸣器每隔 1 s 鸣响 1 次。

（1）纸结构搭建

①图 5.20 所示，是纸电路小车的模型。首先，沿虚线裁剪纸电路小车的轮廓。模型纸中，黄色的纸为最底层，绿色的纸是粘贴电路的中间层，白色的纸是最顶层。

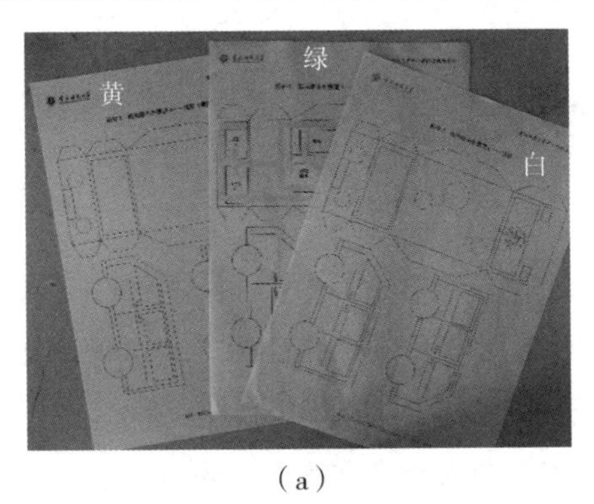

（a）

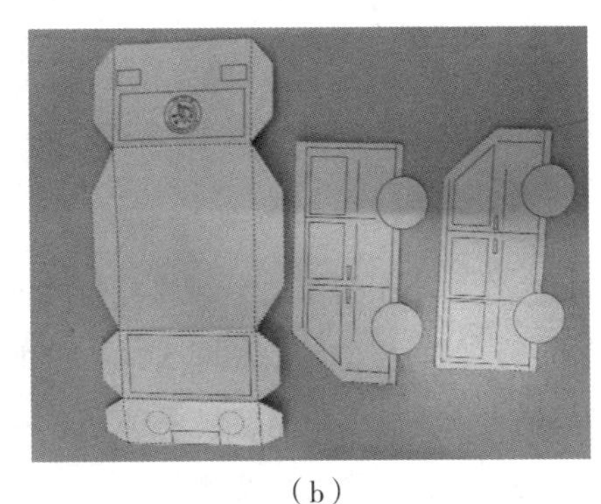

（b）

图 5.20　纸电路小车剪纸模型

②接下来将黄色的纸沿虚线剪好，然后沿虚线折出小车的立体模型，再用双面胶将其固定好。纸电路小车立体模型如图 5.21 所示。

（2）电路连接

所需元件模块如图 5.22 所示（LED2 个，电池 1 个，MSP430 开发板 1 块，电阻 1 个，蜂鸣器 1 个，光敏电阻 1 个及下载器模块 1 个）。

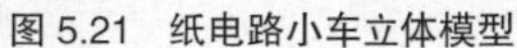

图 5.21　纸电路小车立体模型

图 5.22　电子元件模块

为了方便学习者操作，我们将元件模块的电路连接图画在小车的模型纸上，电路连接如图5.23所示。

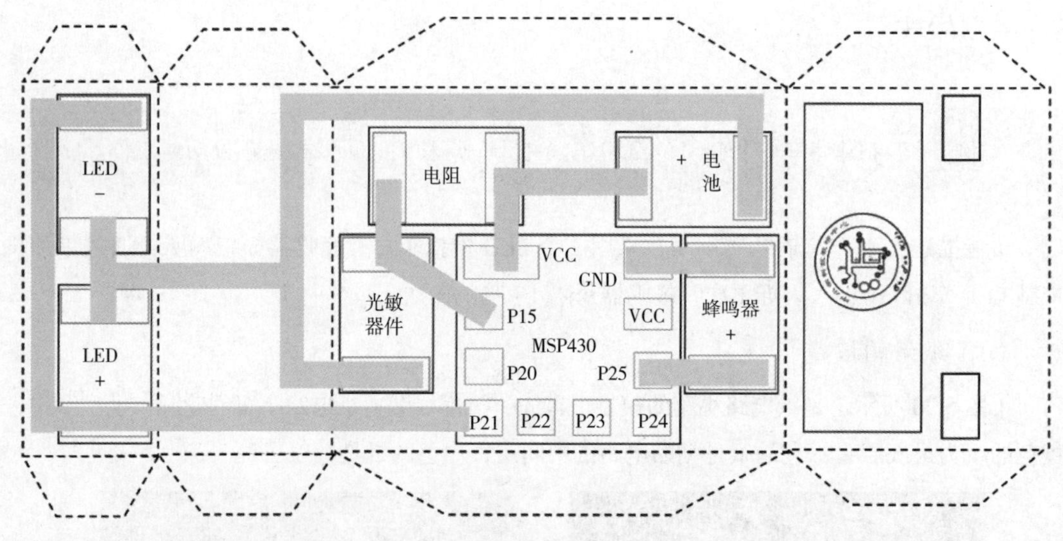

图 5.23　电路连接图

（3）粘贴元件模块和布线

折出黄色立体小车模型之后，将绿色的电路层粘贴在黄色纸上面，然后将元件 PCB 模块粘在绿色电路层的对应位置，如图 5.24（a）所示。根据图 5.23 电路连接方式，用导电胶带将各个粘贴好的电子元件模块连接起来，构成一个完整的电路，如图 5.24（b）所示。

注意： 用导电胶带将电路粘贴完整后，应及时用万用表检查电路是否导通。

（4）块代码编程

本例中，把 LED1 的引脚设置为 P21，选择 LED2 作为蜂鸣器端口，引脚设置为 P25。所以在硬件管理界面“Hardware”中首先拖出 LED 模块，并设置该 LED 的 PIN。然后点击“Blocks”，进入块代码编程界面，参考块代码如图 5.25 所示。说明：硬件模块“LED”块是一种控制端口输出高低电平的通用块，可以用于实现类似“开关”控制的功能。比如，通过设置“LED”为高低电平，控制 LED 灯点亮 / 熄灭，或者控制蜂鸣器鸣响 / 停止。

（a）

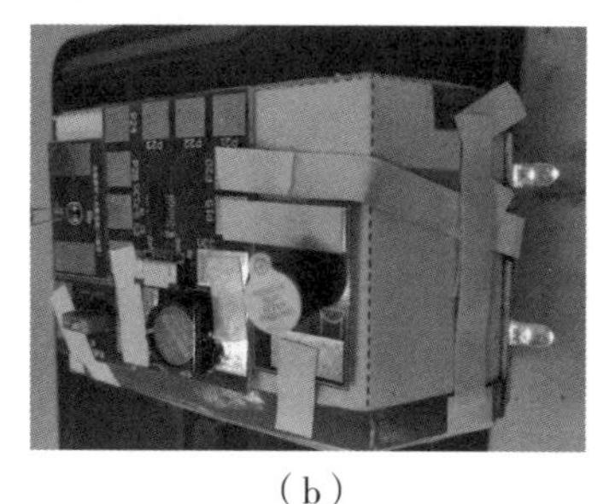
（b）

图 5.24　模块连接实物图

（5）外观装饰

检查完电路之后，整个小车就基本制作完成了，我们可以在小车最外层粘上一层白色的模型纸，一是可以遮住不必要的电子元件、模块，二是便于小朋友们在白色模型纸上发挥自己的想象力，用彩色笔在上面作画，进一步装饰纸电路小车。比如在纸电路小车的表面涂鸦、给小车画一个司机、改变小车的颜色、对车轮进行改进等。

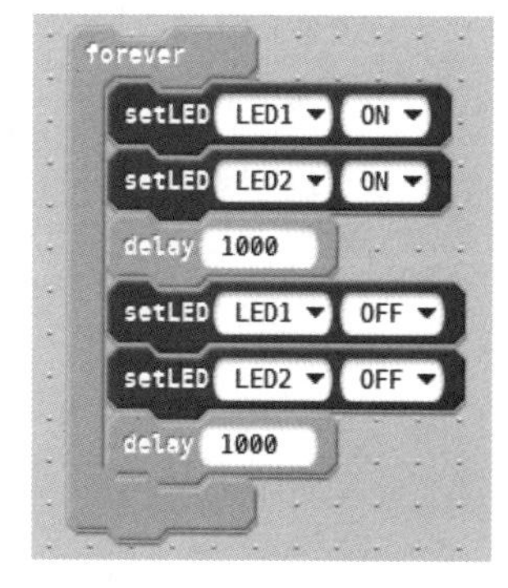

图 5.25　例 5.3 的块代码

（6）测试

作品制作完成后，编写代码，进行测试。单击菜单栏的“运行（Play）”按钮，提示成功后，程序就会在单片机控制模块中运行起来，LED 车灯每隔一秒闪烁，蜂鸣器伴随 LED 每隔一秒发出声响，模拟汽车灯双闪和鸣笛的情况，如图 5.26 所示。

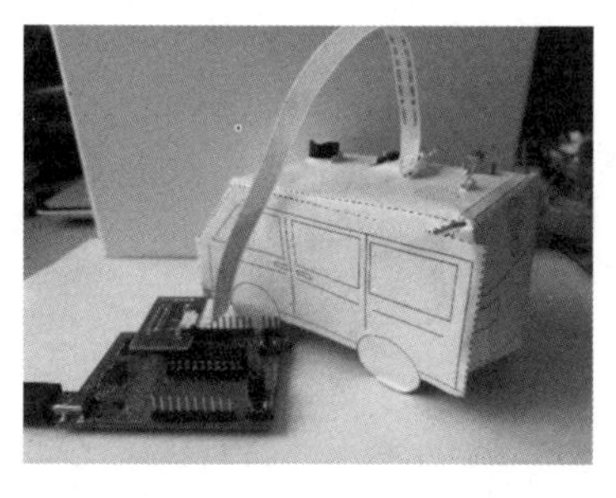

图 5.26　例 5.3 的成品

5.4　练习与思考

小车电路中光敏元件具有感知光强的作用，编写程序实现功能：当光强变暗时，小车车灯自动点亮，蜂鸣器响 1 秒。

5.5 拓展项目

学习者通过以上案例初步体会了纸电子艺术的魅力。当然，电子创意设计的材质除了可以用纸之外，橡皮泥、黏土等也是很好的材料。

本书还提供以下几个案例供学习者进一步探讨学习。

①闪烁的圣诞树。

②音乐吉他。

③橡皮泥手电筒。

④发光的机器人。

⑤乌鸦喝水。

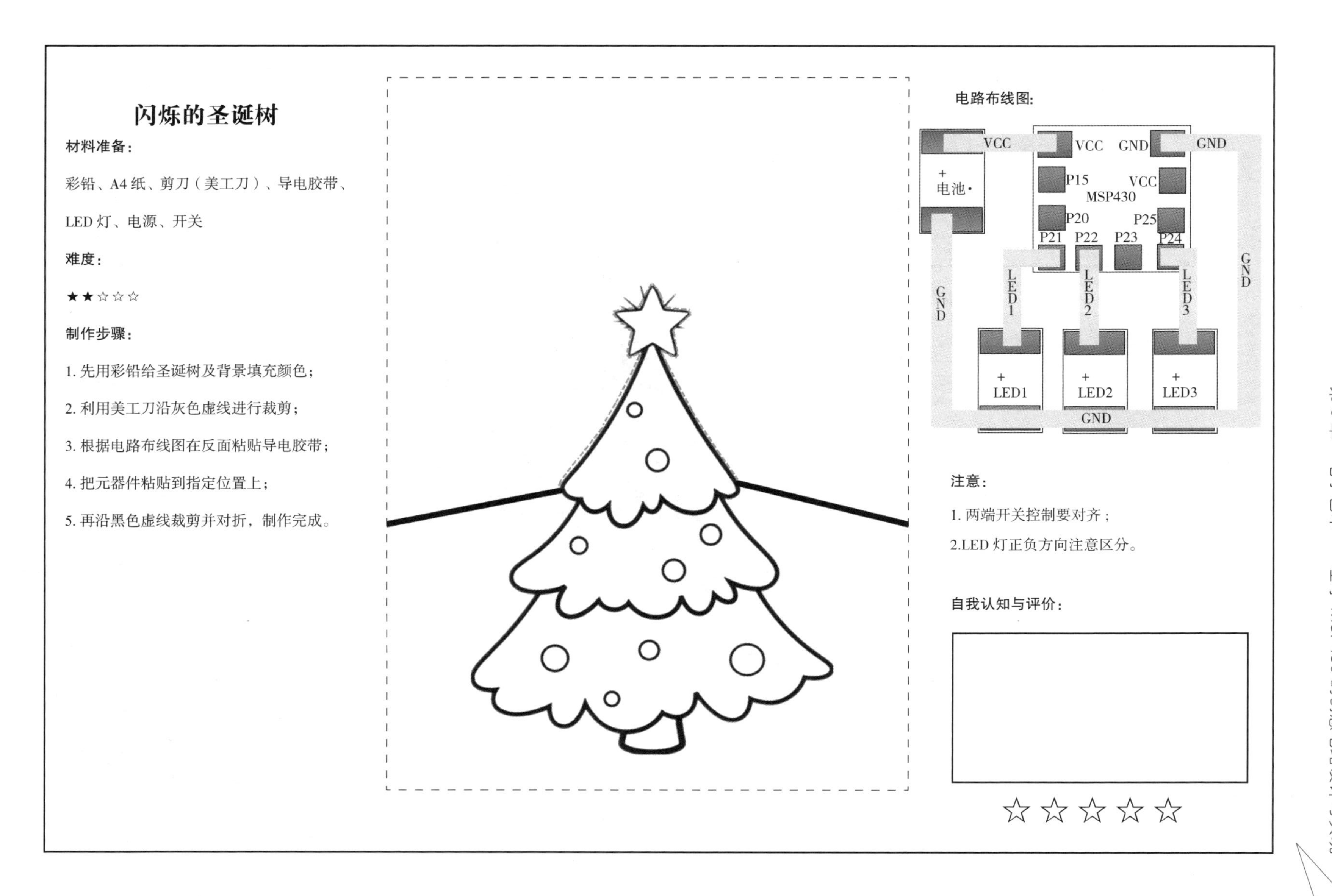

闪烁的圣诞树

材料准备：

彩铅、A4 纸、剪刀（美工刀）、导电胶带、LED 灯、电源、开关

难度：

★★☆☆☆

制作步骤：

1. 先用彩铅给圣诞树及背景填充颜色；
2. 利用美工刀沿灰色虚线进行裁剪；
3. 根据电路布线图在反面粘贴导电胶带；
4. 把元器件粘贴到指定位置上；
5. 再沿黑色虚线裁剪并对折，制作完成。

电路布线图：

注意：

1. 两端开关控制要对齐；
2.LED 灯正负方向注意区分。

自我认知与评价：

☆☆☆☆☆

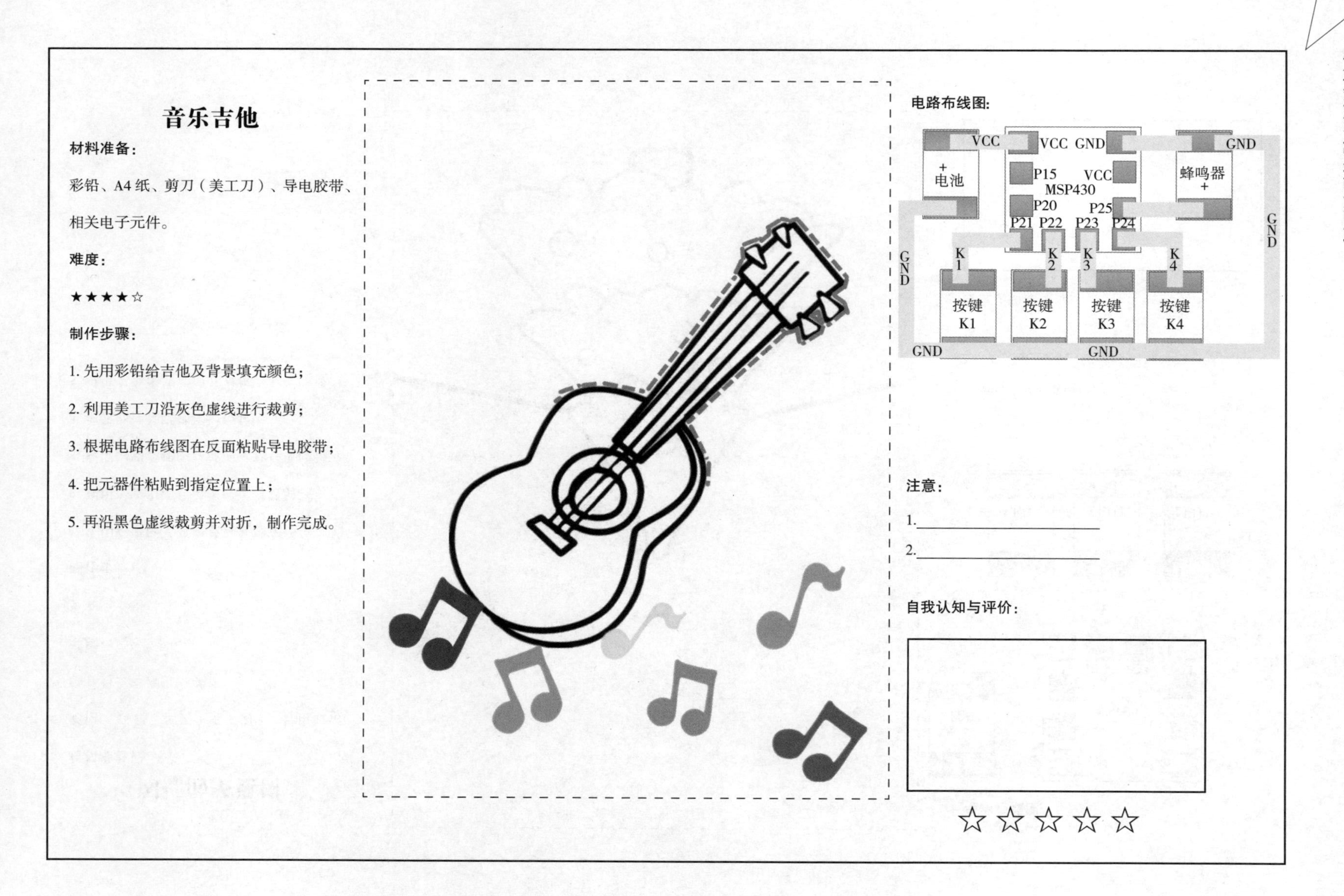

音乐吉他

材料准备:

彩铅、A4 纸、剪刀（美工刀）、导电胶带、相关电子元件。

难度:

★★★★☆

制作步骤:

1. 先用彩铅给吉他及背景填充颜色；
2. 利用美工刀沿灰色虚线进行裁剪；
3. 根据电路布线图在反面粘贴导电胶带；
4. 把元器件粘贴到指定位置上；
5. 再沿黑色虚线裁剪并对折，制作完成。

注意:

1.________________

2.________________

自我认知与评价:

☆☆☆☆☆

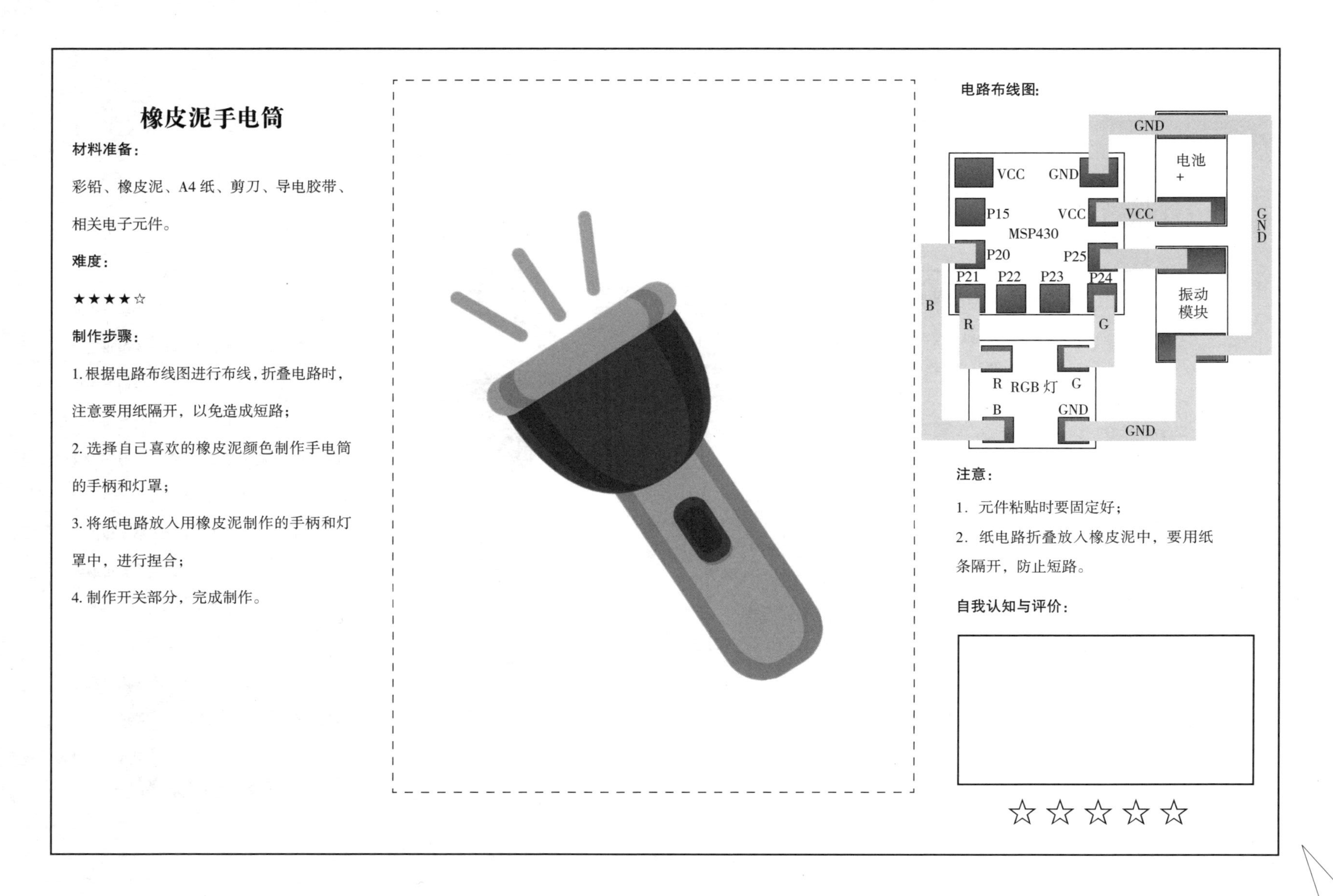

橡皮泥手电筒

材料准备：

彩铅、橡皮泥、A4 纸、剪刀、导电胶带、相关电子元件。

难度：

★★★★☆

制作步骤：

1. 根据电路布线图进行布线，折叠电路时，注意要用纸隔开，以免造成短路；
2. 选择自己喜欢的橡皮泥颜色制作手电筒的手柄和灯罩；
3. 将纸电路放入用橡皮泥制作的手柄和灯罩中，进行捏合；
4. 制作开关部分，完成制作。

电路布线图：

注意：

1. 元件粘贴时要固定好；
2. 纸电路折叠放入橡皮泥中，要用纸条隔开，防止短路。

自我认知与评价：

☆☆☆☆☆

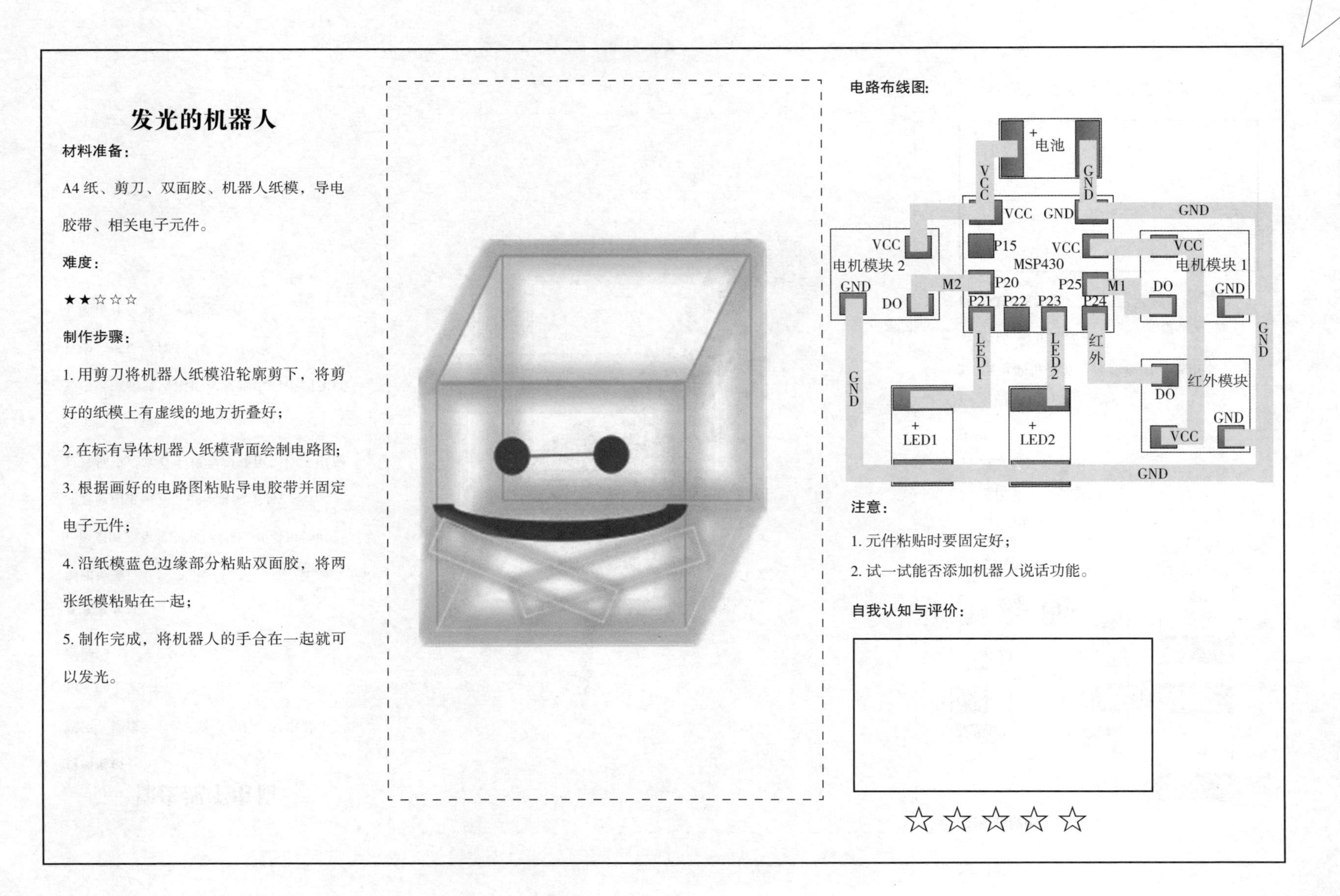

发光的机器人

材料准备：

A4 纸、剪刀、双面胶、机器人纸模，导电胶带、相关电子元件。

难度：

★★☆☆☆

制作步骤：

1. 用剪刀将机器人纸模沿轮廓剪下，将剪好的纸模上有虚线的地方折叠好；

2. 在标有导体机器人纸模背面绘制电路图；

3. 根据画好的电路图粘贴导电胶带并固定电子元件；

4. 沿纸模蓝色边缘部分粘贴双面胶，将两张纸模粘贴在一起；

5. 制作完成，将机器人的手合在一起就可以发光。

电路布线图：

注意：

1. 元件粘贴时要固定好；

2. 试一试能否添加机器人说话功能。

自我认知与评价：

☆☆☆☆☆

乌鸦喝水

材料准备：

A4 纸、剪刀、美工刀、彩铅，导电胶带、一次性纸杯、小石头、相关电子元件。

难度：

★★★☆☆

制作步骤：

1. 彩铅填色，并用美工刀沿灰色虚线进行切割；
2. 在卡片背面先画出电路并用导电胶带粘贴延长至一次性水杯中；
3. 处理元件并粘贴；
4. 在一次性水杯中注入水，低于导电胶带；
5. 逐渐加入小石子，让水淹没胶带，指示灯亮起，制作完成。

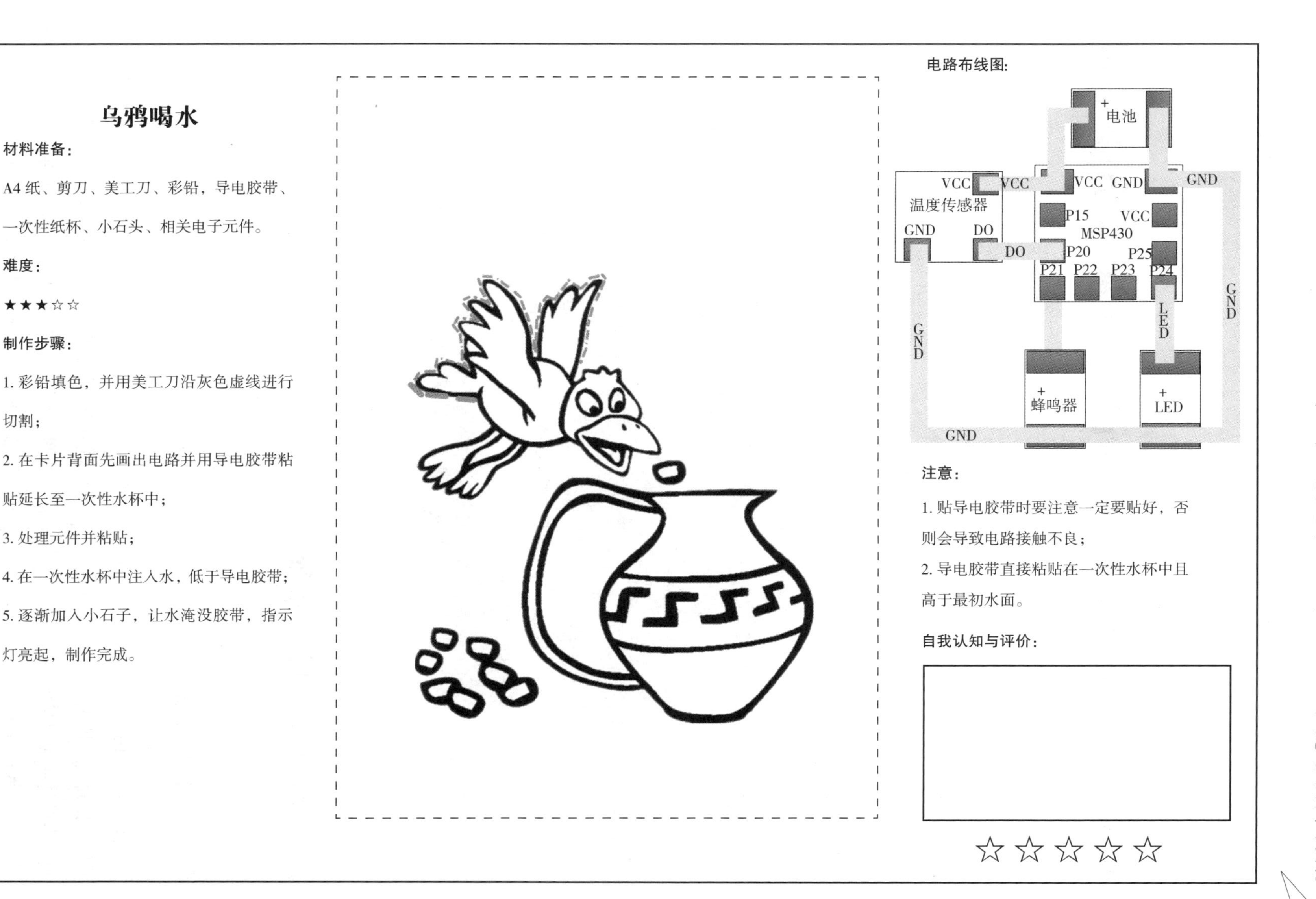

电路布线图：

注意：

1. 贴导电胶带时要注意一定要贴好，否则会导致电路接触不良；
2. 导电胶带直接粘贴在一次性水杯中且高于最初水面。

自我认知与评价：

☆☆☆☆☆

第 6 章

MSP430 智能小车硬件设计及基本功能实现

内容概述：

本章主要介绍 MSP430 智能小车的硬件平台及其基本功能实现。首先介绍了单片机的最小系统及在最小系统基础上的脱机运行；其次，详细介绍了 MSP430 小车的硬件电路设计与制作，包括原理图、PCB 板制作和小车焊接；最后，通过几个案例实现小车的基本功能。

教学目标：

• 了解 MSP430 的最小系统，熟悉 MSP430 脱机运行硬件条件，掌握基于 MSP430 的单片机小车的基本原理；

• 了解 Protel、AD 等原理图和 PCB 电路图的设计软件及设计方法，了解 PCB 制作过程，能够根据原理图焊接实物小车；

• 掌握开发板与 MSP430 小车的连接，能够通过图形化编程实现小车的基本功能，包括电机左、右转动等，进一步实现小车的迷宫行走。

6.1 MSP430 最小系统

6.1.1 单片机最小系统

单片机最小系统，也叫做单片机最小应用系统，是指用最少的元件组成可以工作的单片机系统。换言之，所谓“单片机最小系统”，就是能够让单片机正常运行的最简单的电路。单片机最小系统一般包括电源、晶振、复位电路。如图 6.1 所示，为 MSP430 单片机的最小系统。

电源（VCC/GND）：为系统供电。目前，主流单片机的电源分为 5 V 和 3.3 V 两个标准，当然也有对电压要求更低的单片机系统，一般用在一些特定场合。MSP430 单片机为 1.8~3.6 V

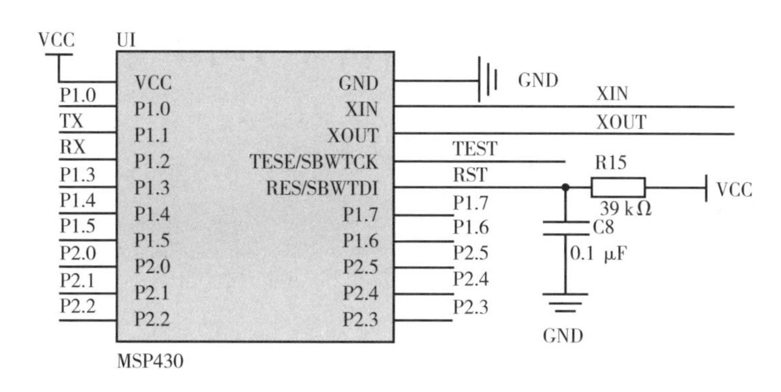

图 6.1　MSP430 单片机最小系统原理图

供电。

晶振（XIN/XOUT）：又叫晶体振荡器，它的作用是为单片机系统提供基准时钟信号，类似于军队训练时喊口令的人，单片机内部所有的工作都是以这个时钟信号为步调基准来进行工作的。MSP430 单片机具有内部时钟信号，因此不需要外接振荡电路。

复位电路（RST）：包括高电平复位和低电平复位。一般有 3 种方式：上电复位、手动复位、程序自动复位。

①上电复位：假如单片机程序有 100 行，某一次运行到第 50 行的时候，突然停电了，这个时候单片机内部有的区域数据会丢失，有的区域数据可能还没丢失，那么下次打开设备的时候，希望单片机能正常运行，所以上电或接通电源 VCC 后，单片机要进行一个内部初始化过程，这个过程就可以理解为上电复位。上电复位保证单片机每次都从一个固定的初始状态开始工作。这个过程跟我们打开电源启动计算机的过程是一样的。

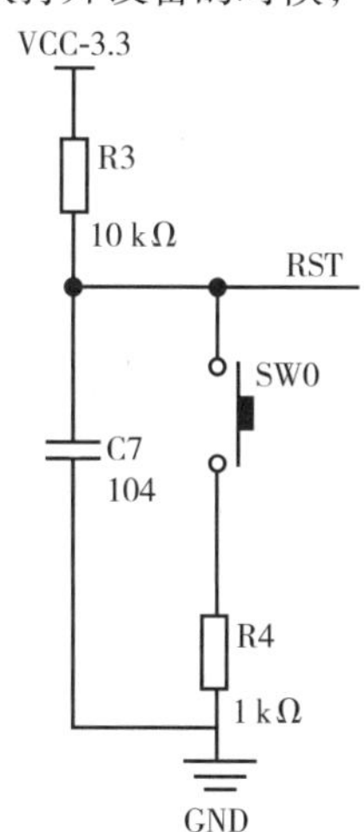

图 6.2　单片机复位电路

②手动复位：当程序运行时，如果遭受到意外干扰而导致程序死机，或者程序跑飞的时候，就可以按图 6.2 所示复位电路中的复位按键 SW0，让程序重新进行初始化运行，这个过程就叫做手动复位，最典型的就是计算机的重启按钮。

③程序自动复位：当程序死机或者跑飞的时候，单片机往往有一套自动复位机制，比如看门狗。“看门狗”来源于狗帮人看门场景，人需要在某一时间和地点给狗喂食，单片机看门狗技术采用在程序某个位置编写一段喂狗程序，如定时器初值重装载代码，只要每次喂狗时间间隔小于定时触发时长，程序将正常执行，否则定时触发会拉高 / 拉低复位 RST 端电平，引起程序复位。即如果程序长时间失去响应，单片机看门狗电路会启动自动复位，重启单片机。

电源、晶振、复位电路构成了单片机最小系统的三要素，也就是说，一个单片机具备了这三个条件，就可以运行程序了。而比如 LED 灯、数码管、液晶等设备，都属于单片机的外部设备，即外设。单片机系统设计就是通过对单片机编程，控制各种各样的外设，最终实现想要完成的任务和功能。

6.2 MSP430 小车的硬件电路设计与制作

6.2.1 原理图

图 6.3 为 MSP430 小车的原理图，元件功能及系统功能介绍如下：

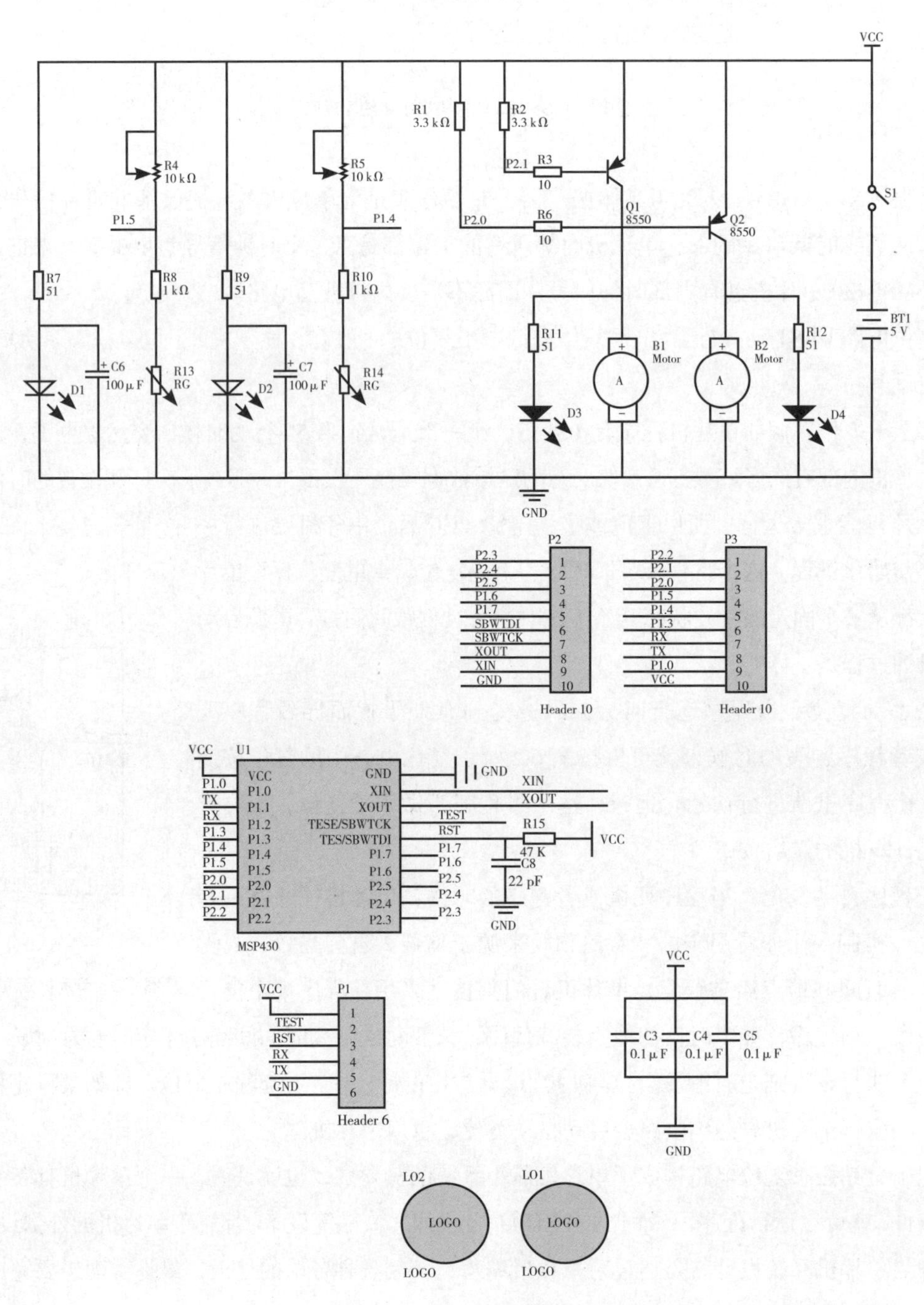

图 6.3 MSP430 小车电路原理图

1）元件的功能

（1）电阻（电阻 R1、R2、R3、R6、R7、R8、R9、R10、R11、R12、R15；可变电阻或电位器 R4、R5）

电阻对电流具有阻碍作用，在电路中的作用有四种：限流、分压、分流、转化为内能。比如，为保证用电器正常工作，通过用电器的电流不能超过额定值（或实际工作需要的规定值），此时通常可以在用电器电路中串联一个可变电阻，该电阻起到限流作用，当改变这个电阻的大小时，流过用电器的电流也随之改变，这种现象可由欧姆定律来定量描述。这种电阻通常也叫做限流电阻。

电位器是一个连续可调的电阻器，如多圈精密电位器和云台电阻，常用于变阻器和分压器。

①用作分压器。当调节电位器的转柄或滑柄时，动触点在电阻体上滑动，此时在电位器的输出端可获得与电位器外加电压和可动臂转角或行程成一定关系的输出电压。

②用作变阻器。电位器用作变阻器时，应把它接成两端器件，这样在电位器的行程范围内便可获得一个连续变化的电阻值。

③用作电流控制器。当电位器作为电流控制器使用时，其中一个选定的电流输出端必须是滑动触点引出端。

（2）光敏电阻（R13、R14）

光敏电阻的电阻值随光照强度的变化而变化，用于采集外部光强数据。

（3）发光二极管（D1、D2、D3、D4）

发光二极管用于指示电路是否通电。

（4）晶体三极管（Q1、Q2）

晶体三极管具有电流放大作用，这是三极管最基本、最重要的特性。其实质是以基极电流的微小变化量 ΔI_b 来控制集电极电流产生较大的变化量 ΔI_c，将 $\Delta I_c/\Delta I_b$ 的比值称为晶体三极管的电流放大倍数，用符号“β”表示，即 $\beta=\Delta I_c/\Delta I_b$。对于某一只三极管来说，电流放大倍数 β 可视为一个定值。

（5）电源（BT1）

电源广泛应用于各种设备、仪器仪表、计算机系统等，为设备和系统提供电能。

（6）电容（C3、C4、…、C8）

①滤波作用。在电源电路中，整流电路将交流电变成直流脉动电，之后接入一个较大容量的电解电容，利用电容的充放电特性，使整流后的直流脉动电变成相对比较稳定的直流电，即滤除了直流脉动电中的高频成分。

②耦合作用：耦合指的是前后级电路的连接关系。在信号的传递与放大过程中，为防止前后两级电路的静态工作点相互影响，常采用电容耦合。为了防止信号中低频分量损失过大，耦

合电容一般采用容量较大的电解电容。

（7）开关（S1）

开关用于控制设备通电与断电。有的开关还具有漏电保护、短路保护功能。

（8）单片机（MSP430）

MSP430 单片机相当于控制系统的中央处理器，实现对小车的各种控制，比如，控制电机（Motor）的转动，进而控制小车前进或后退。

（9）直流电机（Motor：B1、B2）

实现电能转换为机械能，为小车运动提供动力。

2）系统的功能

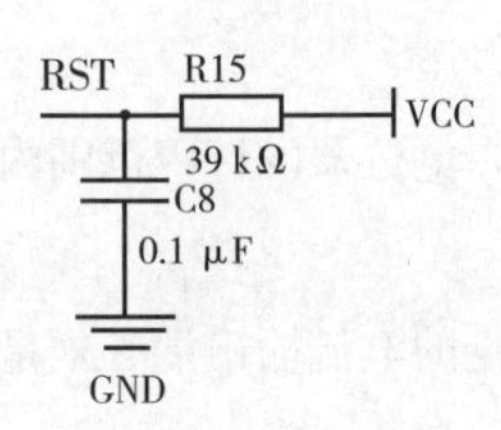

图 6.4　MSP430 小车复位电路

①复位电路是用来使电路恢复到起始状态的电路。本案例中 MSP430 小车系统的复位电路（RST）如图 6.4 所示。其工作原理为：接通电源 VCC 时，电容 C8 充电，在复位端（RST）上出现由低到高的复位信号，使单片机复位。

②图 6.5 所示电路为小车启停控制电路，开关 S1 闭合后，端口 P2.1、P2.0 接低电平或地 GND，使 Q1、Q2 导通，电机 B1、B2 开始工作，可带动小车车轮转动；同时，连接 R11、R12 的支路也接通，发光二极管 D3、D4 点亮，指示小车启动。

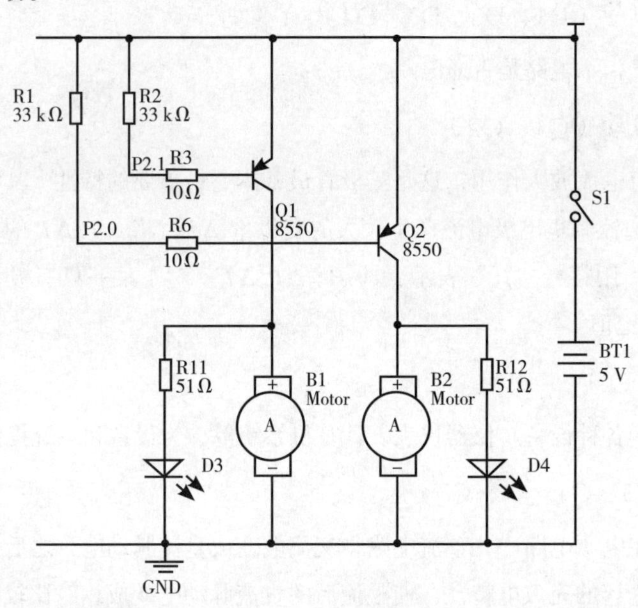

图 6.5　电机启停控制电路

③光检测电路如图 6.6 所示，R5、R10、R14 串联支路，可从端口 P1.6 输出 R10 串 R14 的电压：

$$V_{P1.6}=\frac{R10+R14}{R5+R10+R14}*VCC$$

R14 为光敏电阻，其阻值随光照强度的变化而变化。发光二极管 D2 与电容 C7 并联后再与 R9 串联支路为背光源支路，当该电路接通时， D2 发光使光敏电阻 R14 的阻值改变，从而使 P1.4 端输出的电压 $V_{P1.4}$ 随之改变。电容 C7 容量较大，相当于一个储能元件，用于稳定 D2 的电压。在电机 B1 启停时，D2 的亮度不发生改变，则 R14 的阻值也不发生改变。同理，左边 R4、R8、R13 串联支路和发光二极管 D1、电容 C6、R7 构成的电路与右边电路完全对称，电容 C6 用于稳定 D1 的电压，在电机 B2 启停时，D1 的亮度不发生改变，P1.5 端输出电压 $V_{P1.5}$。输出电压值 $V_{P1.4}$ 和 $V_{P1.5}$ 可用于小车循迹或避障。

④如图 6.7 所示为电源滤波电路，其作用是使电源不受外部干扰的影响。

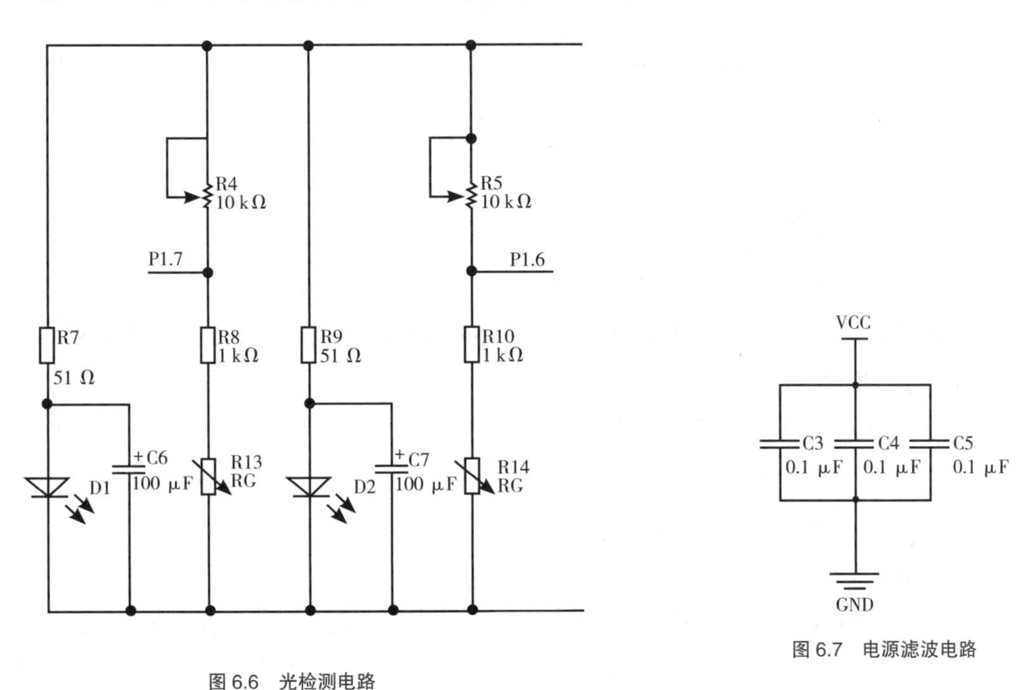

图 6.7　电源滤波电路

图 6.6　光检测电路

6.2.2　PCB 制作

在实验室制作 PCB 的步骤包括：PCB 布线、生成、打印，PCB 热转印、腐蚀过程，以及打孔等后处理。

1）PCB 电路板

常见的印制电路板 PCB 板有 FR-4、铝基板、陶瓷基板等类型。FR-4 PCB 板是最常用的电路板材料之一，包含 FR-4 绝缘基层和覆铜导电层。本节采用双面 PCB 板，即在 FR-4 绝缘基层的两面都有覆铜导电层，便于采用双层布线设计 PCB 电路。

①线路与图层（Layer）：线路是 PCB 板上元件之间连通的通道，在设计上会采用大铜面作为接地及电源。

②介电层（Dielectric）：用来保持线路及各层之间的绝缘性，俗称为基材。

③过孔（Through hole / via）：过孔可使两层次以上的线路彼此导通，较大的过孔则做元件插件用，另外有非导通孔，通常用来作为表面贴装定位、组装时固定螺丝用。

④防焊油墨（Solder resistant /Mask）：在 PCB 板上并非全部的铜面都需要吃锡上零件，因此在非吃锡的区域，会印一层隔绝铜面吃锡的物质（通常为环氧树脂），避免非吃锡的线路间短路。根据不同的工艺，防焊油墨分为绿油、红油、蓝油。

⑤丝印（Legend /Marking/Silk screen）：主要功能是通过丝印工艺在电路板上标注各零件的名称、位置框，方便电路组装完成后的维修及辨识。

⑥表面处理（Surface finish）：铜面在一般环境中很容易氧化，导致无法上锡或焊锡性不良，因此会在要吃锡的铜面上进行保护。保护方式有喷锡、化金、化银、化锡和有机保焊剂等，这些方法各有优缺点，统称为表面处理。

2）PCB 电路板制作

①根据电路功能需要设计原理图。MSP430 小车系统电路原理图如图 6.5 所示。原理图能够准确反映出电路系统的重要功能以及各元器件之间的关系。原理图设计是 PCB 制作的前提，通常采用 Protel 软件进行设计。

②原理图设计完成后，需要进一步通过 Protel 对各个元器件进行封装，以生成和实际元器件具有相同外观和尺寸的网格。元件封装修改完毕后，执行 Edit/Set preference/pin 1，设置封装参考点在第 1 引脚。然后执行 Report/Component rule check，设置检查规则，并点击“OK”。至此，封装建立完毕。

③正式生成 PCB。网络生成以后，需要根据 PCB 面板的大小来放置各个元件，在放置时需要确保各个元件的引线不交叉。放置元器件完成后，进行设计规则 DRC 检查，以排除各个元器件在布线时的引脚或引线交叉错误。当所有的错误排除后，一个完整的 PCB 设计过程完成。MSP430 小车的 PCB 版图如图 6.8 所示。

④绘制完成后，需要将 PCB 打印出来，原理图不需要打印。打印的时候要注意调整设置，在高级设置里，Holes 选项打钩。PCB 打印前设置参数如图 6.9 所示。

⑤打印 PCB 的纸并非一般的打印纸，需要使用热转印纸，如图 6.10 所示。

⑥热转印前准备。将打印出来的热转印纸剪切下来，然后根据 PCB 热转印纸大小，裁剪一块合适的 FR-4 覆铜板，并将覆铜板上已氧化的表面层打磨掉，如图 6.11 所示。

⑦热转印。热转印纸的作用就是将纸上面的 PCB 电路图转印到覆铜板上。将热转印纸印有电路图的一面与铜板压紧，放到热交换器上进行热印，在高温作用下，将热转印纸上的 PCB 电路图墨迹印到铜板上，如图 6.12 所示。

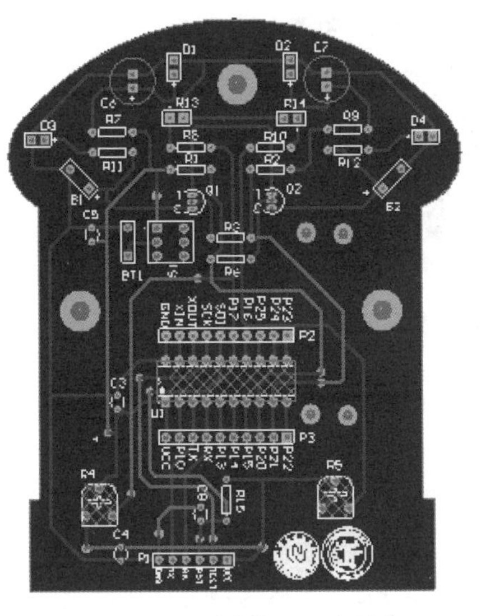

图 6.8　MSP430 小车的 PCB 布局图

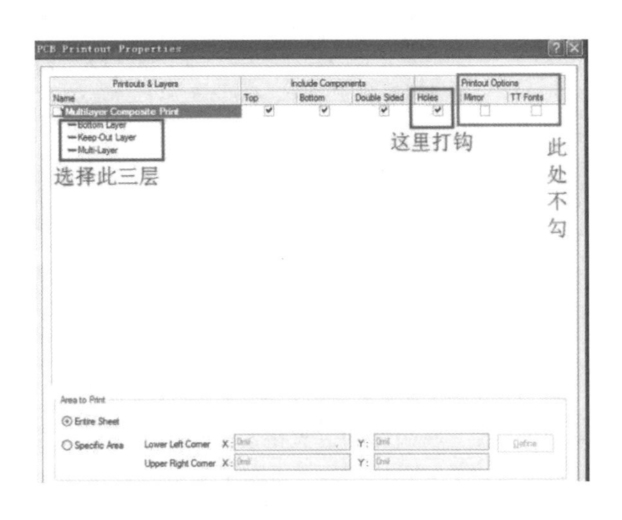

图 6.9　PCB 打印设置

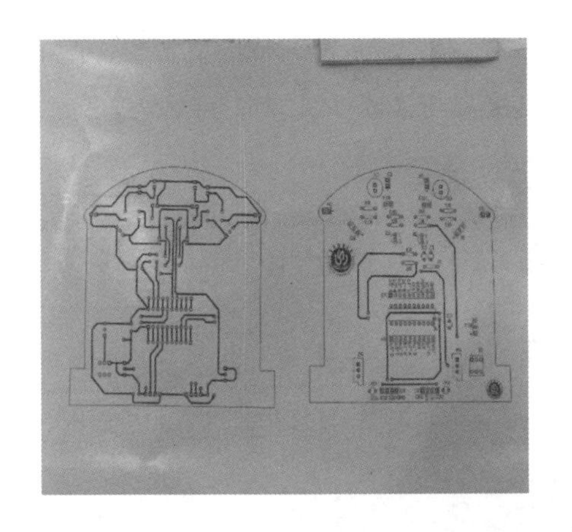

图 6.10　PCB 热转印纸的打印及其效果

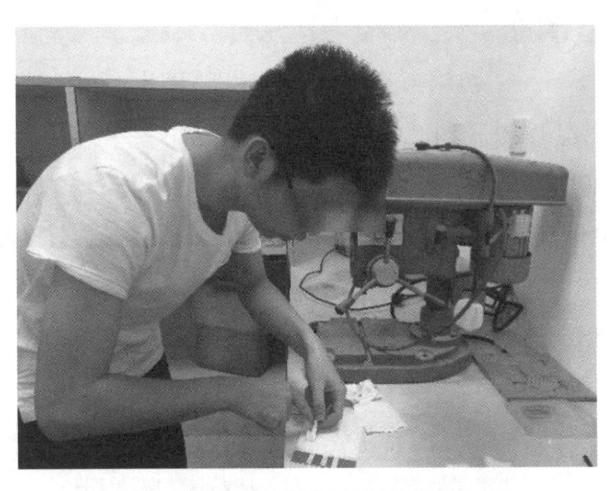

图 6.11　打印图形的热转印纸粘贴到覆铜板

图 6.12　PCB 电路热转印

⑧腐蚀。将硫酸和过氧化氢按 3 ： 1 调制成腐蚀溶液，液体腐蚀性强，操作全程必须穿防护服、佩戴手套和护目镜，特别注意个人安全！然后将含有墨迹的铜板放入腐蚀溶液中，静置 3~4 分钟，检测覆铜板上除墨迹部分以外的覆铜是否全部被腐蚀掉。如果已经腐蚀完成，将铜板取出，然后用清水将溶液冲洗掉。

⑨打孔。利用打孔机将铜板上的过孔进行打孔，如图 6.13 所示。完成后将各个匹配的元器件从 PCB 的背面将引脚通过过孔插入，然后利用焊接工具将元器件引脚焊接到线路上。

图 6.13　腐蚀清洗完后的 PCB 板打孔

PCB 的加工制作需要切割机、打孔机等专业工具，也需要用到腐蚀溶液等，考虑到安全需要，也可以把 PCB 的加工制作委托给专业公司。

用户需要提供 PCB 的加工参数，包括过孔大小、线、颜色、板材、厚度等，见表 6.1。

表 6.1　PCB 的加工参数设置

层数	1~6 层	层数，是指 PCB 中的电气层数（覆铜层数），一般只接受 1~6 层通孔板（不接受埋盲孔板）	
多层板阻抗	4 层，6 层	多层板支持阻抗设计，阻抗板不另行收费	多层板：层压结构及参数，阻抗条现场测试图

续表

板材类型	FR-4 板材	板材类型：纸板、半玻纤、全玻纤（FR-4）、铝基板，一般选 FR-4	FR-4 Copper（铜箔） P 片（玻璃纤维布 + 环氧树脂） Copper（铜箔）
生产工艺	FR-4 板材	传统镀锡工艺正片	负片工艺的品质风险高，谨慎选择！
最大尺寸	40 cm × 50 cm	开料裁剪的工作板尺寸一般为 40 cm × 50 cm，允许客户的 PCB 设计尺寸在 38 cm × 38 cm 以内，具体以文件审核为准	
阻焊类型	感光油墨	感光油墨是现在用得最多的类型，热固油一般用在低档的单面纸板上	
外层铜厚	1~2 oz （35~70 μm）	默认外层铜箔线路厚度为 1 盎司（oz）约 35 μm，最多可做 2 oz	以四层板为例， Top Layer:1 oz/0.35 mm Layer 2 Layer 3 Bottom Layer:1 oz/0.35 mm
内层铜厚	0.5 oz （17 μm）	默认常规电路板内层铜箔线路厚度为 0.5 oz	以四层板为例， Top Layer Layer 2:0.5 oz/0.017 mm Layer 3:0.5 oz/0.017 mm Bottom Layer
外形尺寸精度	± 0.2 mm	板子外形公差 ± 0.2 mm	
板厚范围	0.4~2.0 mm	常用板厚：0.4/0.6/0.8/1.0/1.2/1.6/2.0 mm	
板厚公差 （$T \geqslant 1.0$ mm）	± 10%	比如板厚 T=1.6 mm，实物板为 1.44 mm（T−1.6 × 10%）~1.76 mm（T + 1.6 × 10%）	
板厚公差 （T<1.0 mm）	± 0.1 mm	0.7 mm（T−0.1）~0.9 mm（T+0.1）	
钻孔孔径 （机械钻）	0.2~6.3 mm	最小孔径 0.2 mm，最大孔径 6.3 mm，如果大于 6.3 mm，工厂要另行处理	Minimun 0.2 mm Maximum 6.3 mm

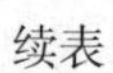

续表

孔径公差（机器钻）	±0.08 mm	钻孔的公差为 ±0.08 mm，例如设计为 0.6 mm 的孔，实物板的成品孔径为 0.52~10.68 mm	
线宽	3.5 mil	多层板 3.5 mil(1mil 约 0.025 4 mm)，单双面板 5 mil	Width 3.5 mil
线隙	3.5 mil	多层板 3.5 mil，单双面板 5 mil	minimum spacing 3.5 mil
最小过孔内径及外径	内径（hole）最小 0.2 mm，外径（diameter）最小 0.45 mm	多层板最小内径 0.2 mm，最小外径 0.45 mm，双面板最小内径 0.3 mm，最小外径 0.6 mm	Size 0.2 mm Diameter
焊盘边缘到线距离	5 mil	参数为极限值，尽量大于此参数	Minimum Clearance 5mil
过孔单边焊环	3 mil	参数为极限值，尽量大于此参数	最小焊环 3 mil
最小字符宽	线宽 6 mil 字符高 32 mil	参数为极限值，尽量大于此参数	C1 32 mil 6 mil
单片：走线和焊盘距板边距离	≥ 0.2 mm	否则可能干涉到板内的线路及焊盘	

续表

拼版：走线和焊盘距板边距离	≥ 0.4 mm	否则可能干涉到板内的线路及焊盘，如右图，如果是拼版，则线离边必须要有 0.4 mm 间距，否则分割会伤到线路	
最小工艺边	3 mm		
拼板：无间隙拼板	0 mm 间隙拼板	板子与板子的间隙为 0 mm	
拼板：有间隙拼板	1.6 mm 间隙拼板	有间隙拼版的间隙不要小于 2.0 mm	
半孔工艺最小孔径	0.6 mm	半孔工艺是一种特殊工艺，最小孔径不得小于 0.6 mm	
阻焊层开窗	0.05 mm	阻焊桥小于 3 mil 不保留，阻焊桥大于 3 mil 保留	
铺铜方式	Hatch 方式铺铜	还原铺铜（Hatch），PADS 软件设计如右图	板厂仅执行 Hatch 填充显示覆铜

MSP430 小车的外加工 PCB 电路板如图 6.14 所示。

图 6.14　MSP430 小车的外加工 PCB 实物图

6.2.3 小车焊接

1）元件符号与实物图对照表

首先，原理图上的符号与实物的对应见表 6.2。

表 6.2 元件符号与实物对照表

编 号	元件名称	标 号	原理图符号	实物图照片	参数识别方法
1	电阻	R1~ R3 R6~ R12	R8 1 kΩ		色环标识或用万用表测量等
2	电容	C3、C4、C5	C3 C4 C5		直接标识 数字标识
		C6、C7	+ C6 100 μF		注意电容的正负极，左边少部分黑色为负极，右边为正极
		C8	C8 0.1 μF		直接标识 数字标识 色标法
3	发光二极管	D1~ D4			注意二极管的正负极，长的引脚为正极；若引脚一样长，则观察灯内，支架大的为负极，支架小的为正极
4	三极管	Q1~ Q2			色点标志、凸型标记、三角排列、三角等距平面性
5	开关	S1	S1		无
6	电池	BT1	BT1 5 V		观察电池上标注
7	电机	B1~ B2	B1 Motor A		3 V

续表

编　号	元件名称	标　号	原理图符号	实物图照片	参数识别方法
8	光敏电阻	R13~ R14	F R13 4 kΩ		黑暗环境下万用表测量或包装上读出
9	电位器	R4、R5	R4 10 kΩ	103	数字标识识别，如：103=10 kΩ 104=100 kΩ

课外拓展：识别色环电阻

①前两个色环正常读数。比如棕黑金金，棕黑就是 10，表 6.3 是对应颜色所对数值。

表 6.3　色环电阻对照表

黑	棕	红	橙	黄	绿	蓝	紫	灰	白	金	银
0	1	2	3	4	5	6	7	8	9	± 5%	± 10%

②倒数第二环，表示零的个数。最后一位，表示误差。

黑色是 0，棕色是 1，红橙黄绿蓝紫灰白对应 2~9，金银对应 5% 或 10% 误差。例如，红、黄、棕、金表示 240 Ω。

倒数第二环，可以是金色的 (代表 ×0.1) 和银色的 (代表 ×0.01)，最后一环误差可以是无色 (± 20%) 的。

③色环电阻识别顺序

有些色环电阻的排列顺序不甚分明，往往容易读错，在识别时，可运用如下技巧加以判断：

技巧 1：先找标志误差的色环，从而排定色环顺序。最常用的表示电阻误差的颜色是：金、银、棕，尤其是金环和银环，一般绝少用作电阻色环的第一环，所以在电阻上只要有金环和银环，就可以基本认定这是色环电阻的最末一环。

技巧 2：棕色环是否是误差标志的判别。棕色环既常用作误差环，又常作为有效数字环，且常常在第一环和最末一环中同时出现，使人很难识别谁是第一环。在实践中，可以按照色环之间的间隔加以判别：比如对于一个 5 道色环的电阻而言，第 5 环和第 4 环之间的间隔比第 1 环和第 2 环之间的间隔要宽一些，据此可判定色环的排列顺序。

技巧 3：在仅靠色环间距还无法判定色环顺序的情况下，还可以利用电阻的生产序列值来加以判别。比如有一个电阻的色环读序是：棕、黑、黑、黄、棕，其值为：100×10 000 Ω=1 MΩ，误差为1%，属于正常的电阻系列值；若是反顺序读：棕、黄、黑、黑、棕，其值为140×1Ω=140 Ω，误差为1%。显然按照后一种排序所读出的电阻值，在电阻的生产系列中是没有的，故后一种色环顺序是不对的。

色环电阻识别如图6.15所示。

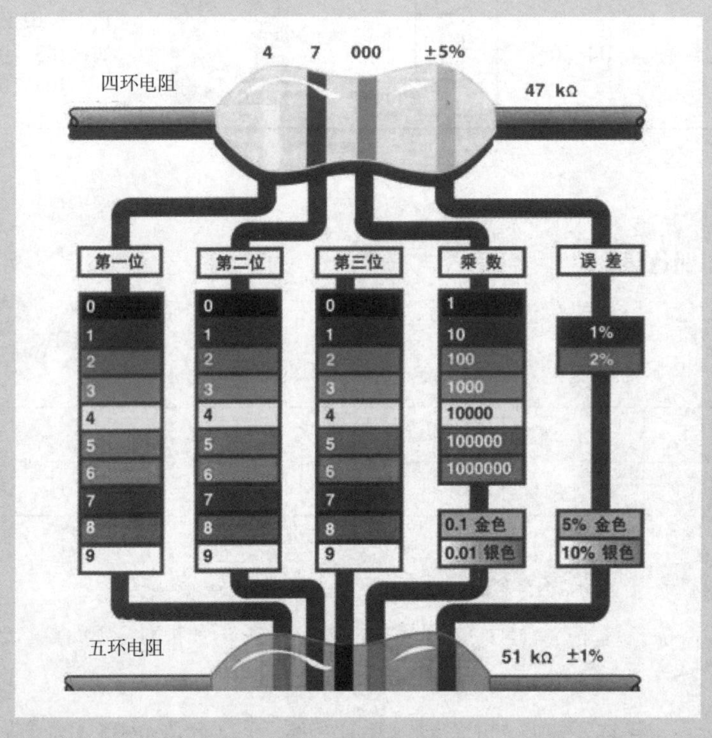

图6.15　电阻器色环对照图

2）焊接方法

焊接所需工具和材料包括电烙铁、焊锡丝、松香、湿润海绵，如图6.16所示。以电烙铁为焊接工具、焊锡丝为焊接材料、松香为助焊剂，当电烙铁的温度高于锡的熔点，电烙铁接触到锡后锡会融化，冷却后锡重新凝固，就可以把被焊接的器件固定在相应的位置上。

一般，焊接前要对电路板及连接线进行清理，将油污、油漆等脏污清理干净，必要时需要使用酒精。清理后对焊接点使用电烙铁加温上松香或焊锡膏，并且使用电烙铁将焊接点分别上锡（即先让焊接点挂上锡）。将两个或多个焊接点使用电烙铁化锡使它们连接在一起。融化锡时，使用电烙铁头直接触碰焊锡丝，电烙铁温度达到融化温度，焊锡丝即融化。如果焊接金属过大，电烙铁不能使被焊金属温度加热到焊锡融化温度，应该加大电烙铁功率瓦数。

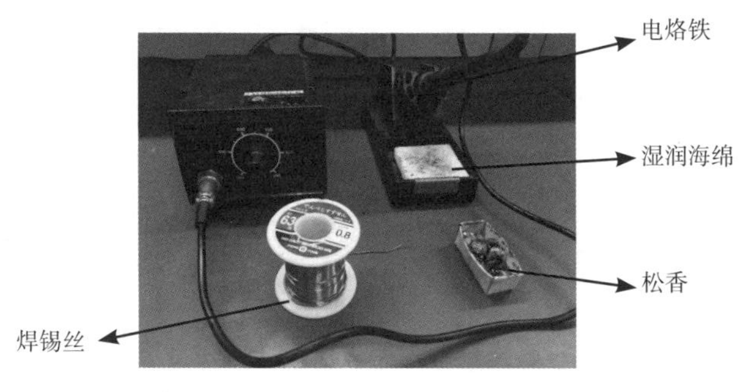

图 6.16　焊接材料及设备

焊接的时候，电烙铁的温度是至关重要的因素。

①电烙铁的温度由实际使用决定，焊接 1 个锡点以 4 s 最为合适。平时观察烙铁头，当其发紫的时候，则温度设置过高。

②一般直插电子料，将烙铁头的实际温度设置为 330~370 ℃；表面贴装物料（SMD），将烙铁头的实际温度设置为 300~320 ℃。

③特殊物料，需要特别设置烙铁温度。咪头、蜂鸣器等要用含银锡线，电烙铁温度一般为 270~290 ℃。

④焊接大的元件引脚，温度不要超过 380 ℃，但可以增大烙铁功率。

课外拓展：电烙铁使用规范和注意事项

（1）使用规范

①电烙铁使用前应检查使用电压是否与电烙铁标称电压相符。

②电烙铁不能长时间干烧，如果比较长时间（如 10 分钟）不用，应拔掉电烙铁电源。

③电烙铁通电后不能任意敲击、拆卸及安装其电热部分零件。

④电烙铁应保持干燥，不宜在过分潮湿或淋雨环境中使用。

⑤拆烙铁头时，要关掉电源。

⑥关电源后，利用余热在烙铁头上上一层锡，以保护烙铁头。

⑦当烙铁头上有黑色氧化层时，可用砂布擦去，然后通电，并立即上锡。

⑧需要一块高温海绵，保持湿润状态，以用手捏刚好不出水为适，用来擦烙铁头，收集锡渣和锡珠。

⑨新电烙铁使用之前，焊接之前要挂锡，就是在电烙铁上挂上很薄的一层锡作为保护层。以后每次使用，开始挂一次锡，结束的时候再挂一次锡。这样可以延长寿命。

（2）注意事项

①眼睛不能离电烙铁过近，以防误伤眼睛。

②注意电烙铁不要接触到手，防止烫伤。

3）小车焊接

①接通电源后，将旋钮调到 350 ℃，等待烙铁加热。等待期间，可以将烙铁头放在离鼻尖稍远的地方，判断其温度。

②加热到开始能熔化焊锡丝时，就要把焊锡丝放在烙铁头上，让焊锡熔化在烙铁头表面，防止烙铁头氧化后不上锡。也可以涂少许焊锡膏或松香。这样处理后，烙铁头就很容易上锡了，不会出现“锡球”一晃就掉下来的情况。

③先对要焊接的部位做去氧化处理，就是用小刀刮干净被焊接表面氧化层，涂少许焊锡膏或松香，再同时把焊锡丝和烙铁头放到焊接部位上，熔化少许焊锡丝后，就能焊接得很好了。

④先焊接完电源部分，进行测试，如果电源 LED 灯亮，则可以进行下一步焊接。

⑤尽量按照模块的划分来焊接；焊接器件时，应该先焊接小器件，再焊接大器件；先焊接低器件，再焊接高器件；芯片的安放要注意 1 脚所在的位置，如果安放反了，芯片可能烧毁；焊接完一个模块都要用万用表测量电源和地之间是否出现短路，如果有短路，需立即检测何处焊接导致的短路。

⑥焊接完成后，把长的引脚剪掉，关掉电源。

焊接过程及注意事项等微视频，欢迎关注“龙兴明教授科普工作室”微信公众号。主要过程如图 6.17 所示，焊接完成后的小车硬件实物如图 6.18 所示。

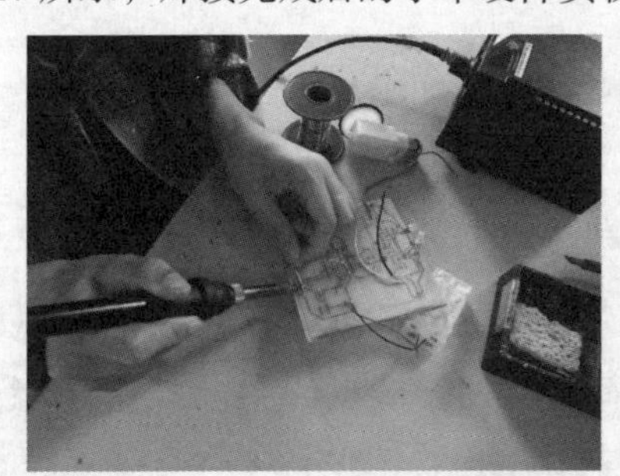

（a）实验室制电路板

（b）定制电路板

图 6.17　小车焊接

（a）

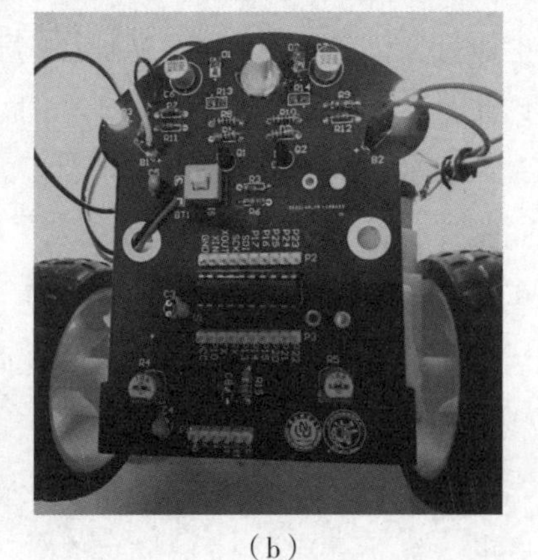

（b）

图 6.18　焊接好的小车硬件实物图

6.3　小车基本功能测试

6.3.1　脱机运行

1）小车的供电

在本案例中，基于 MSP430 单片机的小车系统采用 3 节干电池为小车系统供电，电压约 4.5 V，如图 6.19 所示。接通电源后，系统执行复位程序，查询各复位源的标志并确定复位源，执行相应的复位操作。MSP430 单片机系统在 VCC 上电后开始进行硬件初始化。

图 6.19　小车干电池供电（4.5 V）

2）时钟系统

MSP430 单片机时钟系统专门为电池供电类应用而设计，利用内部时钟，不需要外接振荡电路。

3）程[illegible]连接

MSP43[illegible]没有状态口或控制口。在实际应用中，如应用查询式输入 / 输出时[illegible]位或几位来传送状态信息，通过查询对应位的状态来确定外设是否[illegible]车系统端口与单片机开发板端口的连接如图 6.20 所示。

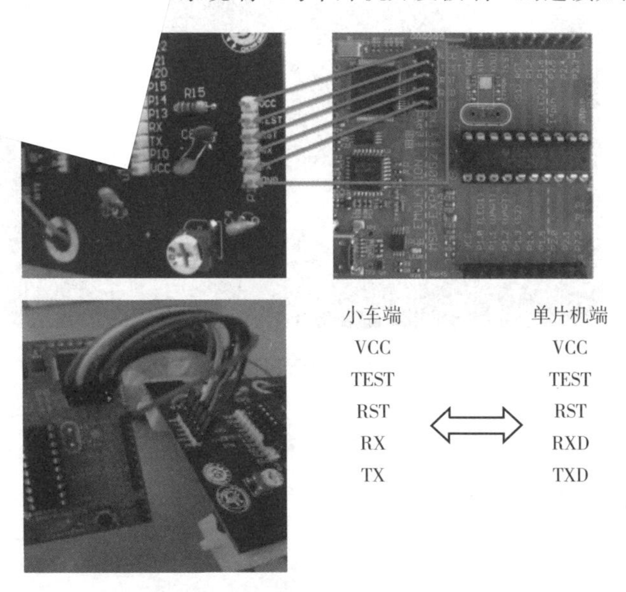

图 6.20　小车与单片机开发板的下载端口连接示意图

4）编程测试

按如图 6.20 所示完成小车和单片机的接线，然后进入 Modkit Micro 对 MSP430 单片机进行图形化编程，实现单片机最小系统的运行。

①根据小车硬件设计的说明，用单片机 P2.0 和 P2.1 口的电平控制电机转动，因此，在硬件“Hardware”界面拖出如图 6.21 所示硬件模块，设置引脚分别为 PIN20 和 PIN21。

②在代码块“Blocks”界面拖出相应代码块，编写程序，参考程序如图 6.22 所示。

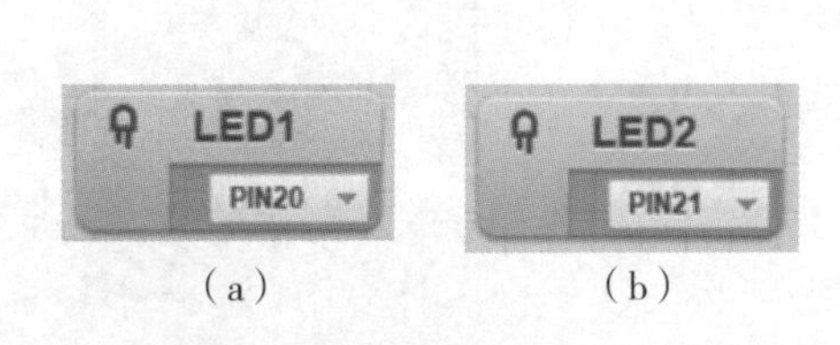

（a）　（b）

图 6.21　元件配置

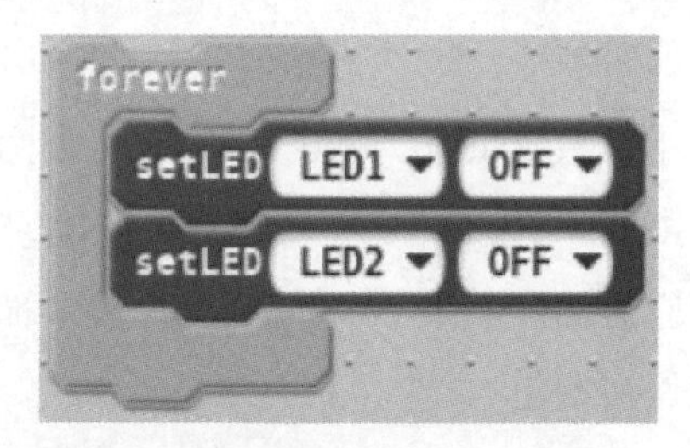

图 6.22　参考程序

③单击菜单栏 Play“按钮”运行程序。当小车上的电机工作状态指示灯 D_3 和 D_4 灯亮起时，表示程序下载成功，脱机运行完成，如图 6.23 所示。

图 6.23　脱机运行结果

6.3.2　电机启停控制

1）上电前检查

电机电源正负极的接线方式如图 6.24 所示。注意：两个电机的接线保持一致，以避免两个电机的转向不同导致车轮转动方向不同。

图 6.24　电机电源接线方式

2）下载线的连接

小车 PCB 板上 P1 处的丝网标示符号 VCC，TEST，RST，RX，TX，GND 与单片机下载器端口标号 VCC，TEST，RST，RX，TX，GND 一一对应连接，再将单片机安装在小车双列直插 DIP 插座上，就可以进行小车程序的在线编写，如图 6.25 所示。

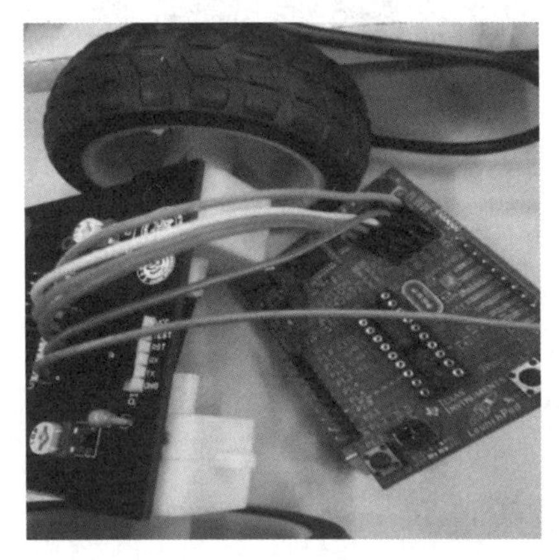

图 6.25　下载线连接图

3）编写块代码

按“LED”块的功能，分别设定 P20\P21 引脚为 ON/OFF 输出，即分别输出高 / 低电平，测试电机的启停。设置 LED OFF 时电机转动，设置 LED ON 时电机停止转动。

① LED1 和 LED2 同时设置为 OFF，两个电机一起转动，同时两个指示灯亮。

② LED1 设置为 ON，LED2 设置为 OFF，一个电机不转，同侧指示灯不亮；另一个电机转动，同侧指示灯亮。

③当两个 LED 都设置为 ON，两个电机都不转，两个指示灯都不亮。

参考块代码如图 6.26 所示。电机带动小车车轮转动的测试效果如图 6.27 所示。

（a）两个电机转动

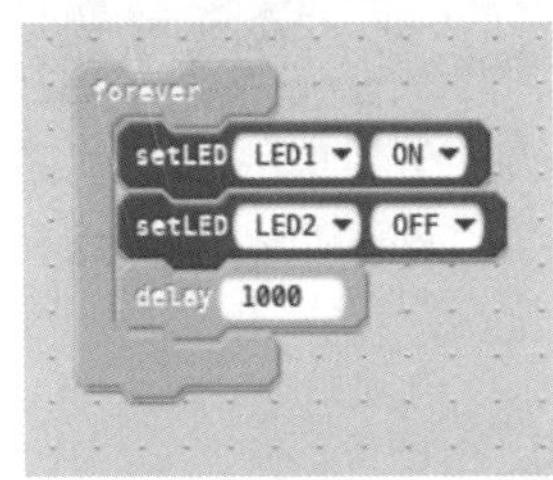

（b）单个电机转动

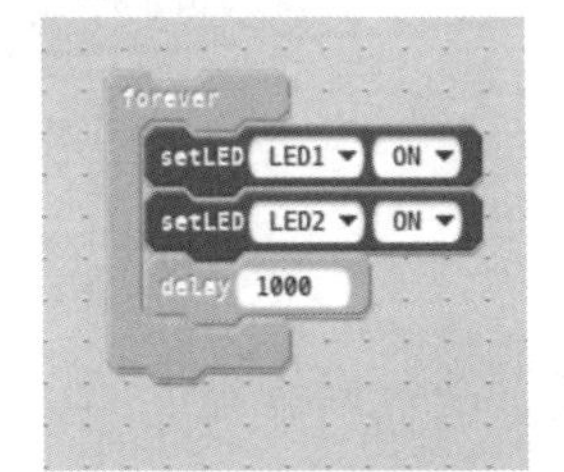

（c）两个电机停止转动

图 6.26　电机转动测试参考块代码

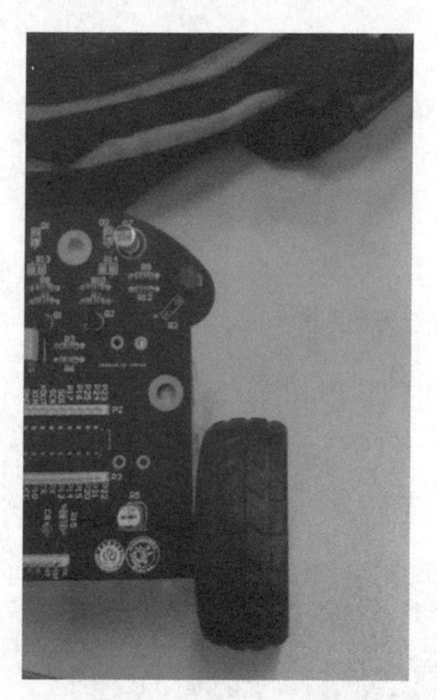

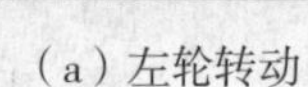

(a) 左轮转动　　(b) 右轮静止

图 6.27　小车左轮转动测试效果

6.3.3　直线行走、转弯和定时

1）硬件设置

打开 Modkit，在“Hardware”中拖出两个“LED”块，并根据电路图设置引脚 PIN20、PIN21，如图 6.28 所示。

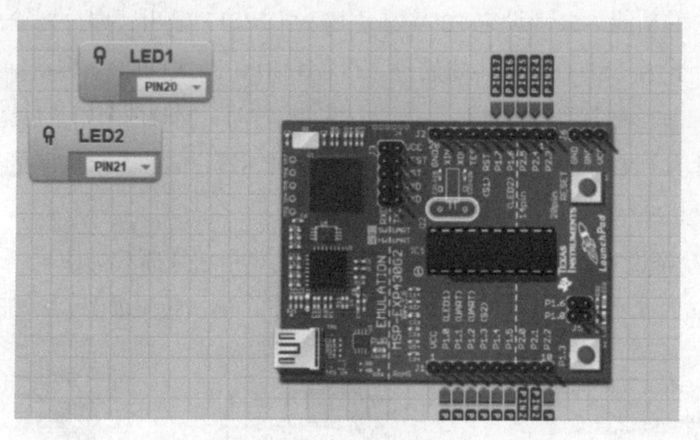

图 6.28　硬件设置界面

2）块代码编程

点击“Blocks”编程界面，进行块代码编程。

小车走直线：将两个 LED 都设置为 OFF。

小车转弯：将其中的一个 LED 设置为 OFF，就可以实现左转或右转。

定时：在程序中加入延时，设置小车直行、左转或右转持续的时间。

参考块代码如图 6.29 所示，小车运动测试效果如图 6.30 所示。

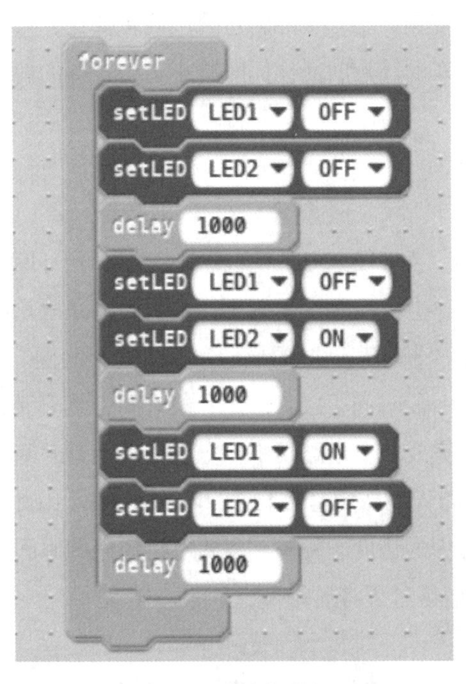

图 6.29　参考块代码

（a）直行

（b）右转

（c）左转

图 6.30　小车运动测试效果

6.3.4　迷宫行走

例 6.1　自己设计一个迷宫图，通过 Modkit 编程控制小车行驶的距离、速度和方向，实现小车“走迷宫”的功能。

功能描述：对于给定迷宫图，行驶地图线路的长度、拐弯位置、转弯方向等基本信息就可以通过编程控制电机的运行时间、转动速度和转动方向进行场景重现。主要功能如下：

①直线运行时，当线路长度一定，能够控制小车运行时间；

②直线运行时，当线路长度增加时，能够控制小车不跑偏；

③转弯时，随转弯角度变化，小车实际转弯轨迹同步变化；

④转弯时，尽量减少小车的转弯时间，同时减小运行轨迹的偏离。

1）编程思路

（1）小车调速

根据路程＝时间 × 速度，当路程一定时，要控制小车运行时间就需要控制电机的运行速度。但是电机一但通电运行，在供电电压不变情况下，电机转速是固定的。如何控制电机速度变化呢？实际上，我们可以借鉴“平均速度”的概念来解决这个问题。即对一段给定路程 L，可以让电机以正常速度启动运行一段时间，接着停止一段时间，然后又运行一段时间，又停止一段时间，这样不断重复，直到完成。整个路程中，电机正常运行时间总计为 T_r，电机停止时间总计为 T_s，那么汽车行驶这段路程的平均速度 V_a 为：$V_a=L/(T_r+T_s)$。因此，控制电机启 / 停时间长度，就可以控制汽车在某一路程中的速度。另外，只要电机启停的时间间隔选择合适，如小于视觉效应时间 20 ms，那么小车运行过程将显得平稳。

（2）硬件设置思路

结合小车电路原理图，两个电机的启停控制端已经通过 PCB 线路连接到单片机的端口，即：电机 B1 由 P0.0 控制，电机 B2 由 P0.1 控制。由于单片机 P0.0/P2.1 引脚在图形编程中可以利用已有 LED 代码块进行更为简洁的编程，实现单片机端口的高低电平操作，所以，在以下编程中，LED 的电平控制实际上就是对电机的电平控制。首先配置 LED1 和 LED2 硬件模块，LED1 代表左轮，LED2 代表右轮；然后对 LED 代码块进行 ON/OFF 操作，从而控制小车左右电机的启停。

（3）代码块编程思路

根据上述小车调速原理，在代码中引入延时函数，通过改变 LED1 和 LED2 的 ON/OFF 状态延时时间 (即小车左右电机的启停时间) 来完成小车行驶速度的动态调节，完成迷宫行驶的主要功能。注意：小车停止，即代码块设置 LED 为 ON 时，插入的延时函数 Delay 的时间不要超过 1 s；如果小车停止延时过长，可能导致小车行驶不平稳，出现走一会儿停一会儿的尴尬情况！

2）编程实施

基于上述调速、硬件设置和代码编程思路，具体的代码块编程过程如下：

（1）图形编程软件中的硬件设置

打开 Modkit，在“Hardware”中拖出两个 LED，并根据电路图设置引脚为 PIN20、PIN21。

（2）图形编程软件中的块代码编程

切换至“Blocks”编程界面，进行块代码编程，参考代码块程序如图 6.31 所示。

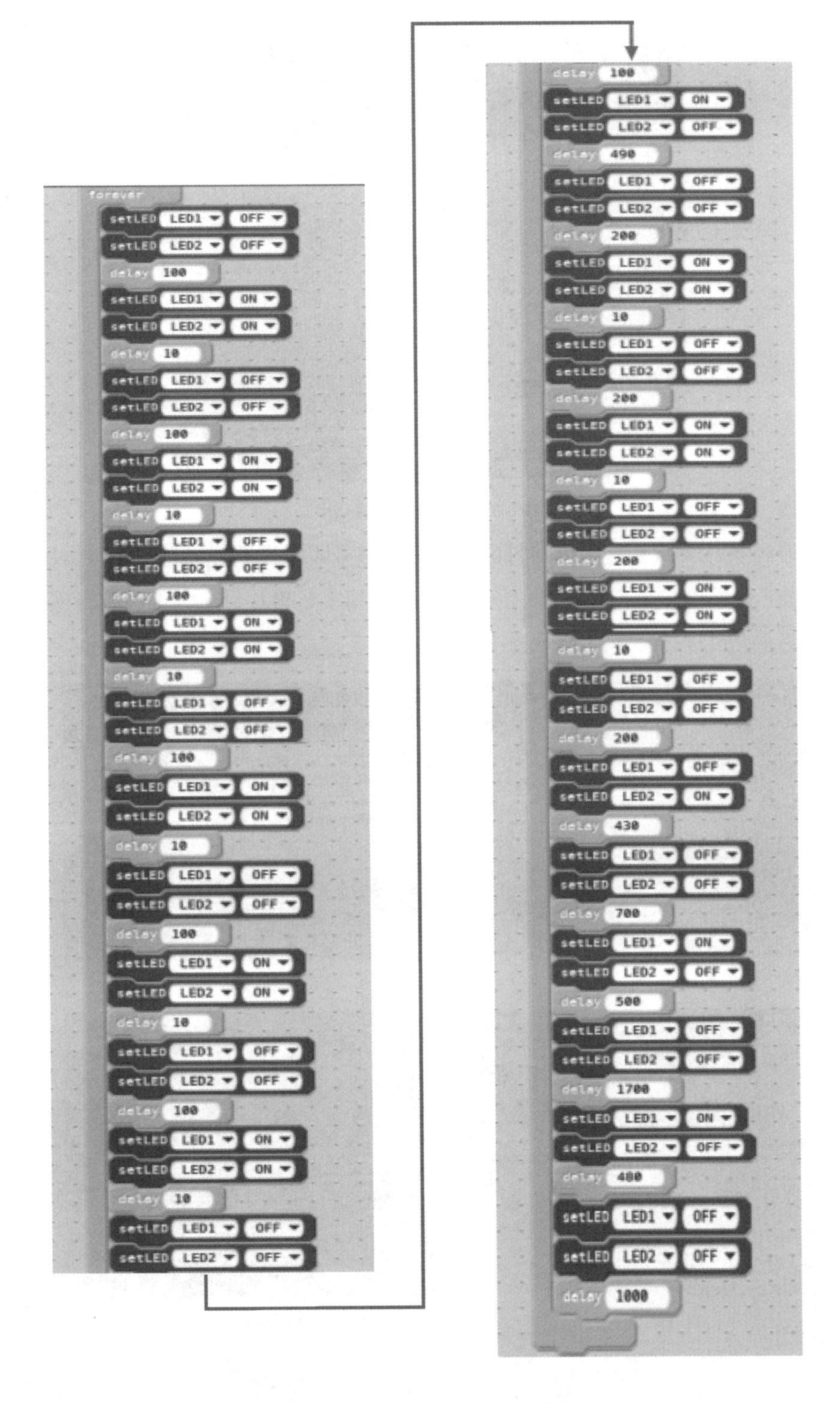

图 6.31　小车行驶特定路径的参考块代码

3）场景搭建与参数优化

利用积木块，设计涵盖测试主要功能的迷宫实地场景，如图 6.32 所示。

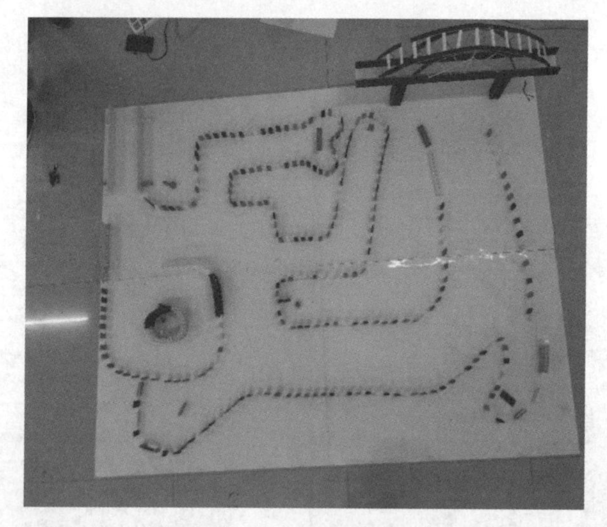

图 6.32　迷宫实地场景照片

结合实地场景行驶路径，修改延时函数的时间参数以及电机左右控制 LED1/LED2 块代码模块的 ON/OFF 属性值，单击“Play”按钮下载程序到小车单片机上，最后进行实地测试。小车行走迷宫的主要过程如图 6.33 所示。

（a）电机启动　（b）进入迷宫

（c）迷宫行走　（d）走出迷宫

图 6.33　小车迷宫行走过程图

6.4　练习与思考

自己设计一个迷宫图，通过 Modkit 软件编写“迷宫图”程序，实现对小车行驶方向的控制，截屏、拍照、录视频并给出具体操作步骤、代码块、效果图和过程。思考如何快速确定相关参数如延迟时间等参数。

注意以下不规范操作：

①电源正负极不能接反，外界电源时输出电压不应超过 5 V。

② C8 为复位电路的，如果 C8 参数选择不合适，可能会导致程序下载单片机失败，从而使小车无法工作。

③编写程序时，建议调用硬件 LED1 和 LED2 模块，而不是调用电机 MOTOR 模块。

④在测试程序时，应将电池和电机固定好，否则很容易将导线拉断。

⑤注意：二极管和极性电容的正负极连接正确。

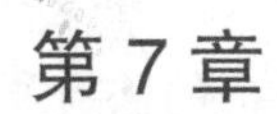

第7章 无人驾驶场景下MSP430小车的智能化

内容概述：

本章从了解人工智能的定义及功能出发，构建青少年对人工智能的初步认知。以无人驾驶为核心，围绕机械结构、自动行驶、自动避障、自动停车等多项技术任务，动手实践无人驾驶技术，了解无人驾驶技术的核心算法。

教学目标：

- 了解人工智能的定义、功能及应用，构建人工智能认知；
- 了解无人驾驶的基础知识、算法和应用技术；
- 利用图形化编程，初步实现自主行驶、避障、停车等无人驾驶基本技术。

7.1 智能化——人工智能（AI）

“智能化”是电子化、信息化发展的新动向、新阶段，“智能化”意味着“人工智能”的高度发展与广泛应用。

7.1.1 人工智能的应用

人工智能技术涉及领域广泛，以多元化的形态展现出来，触及社会生活的方方面面，比如，在“智博会”上汇聚展示的各种“黑科技”如图7.1所示，无一不蕴含人工智能的深度应用。

图 7.1　重庆智博会

7.1.2　人工智能的定义及特征

1）人类历史上的信息革命

到目前为止，人类已经经历了 6 次信息革命。语言的创造是人类历史上的第一次信息革命，它使信息得以交流和传递；文字的出现是第二次信息革命，使信息可以被储存在文字中进行传播，解决了语言的时间和空间局限性；印刷术的使用和无线电的发明进一步扩大了信息交流、传递的容量和范围；电视的发明使声音、图片影像、文字实现同时远距离实时传输；计算机与互联网的使用使人类进入了第 6 次信息革命，此时信息的处理已经突破了人类大脑及视觉感官加工利用信息的能力，人类进入了信息社会时代。

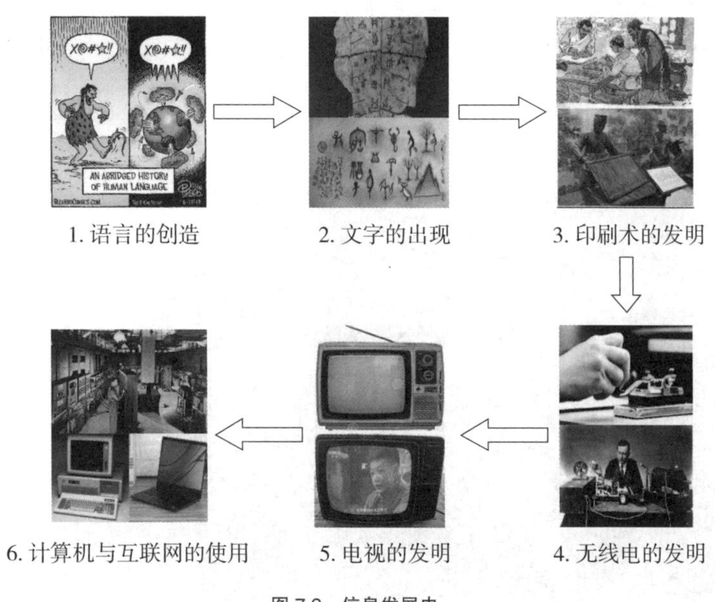

图 7.2　信息发展史

目前，“人工智能”的发展不仅是在技术上、机器设备上和软件上的一场革命，更是一场“概念”上的革命。以往信息技术的重点在“技术”上，而目前，信息技术的重点已转向提升信息传播范围、传播能力和传播效率，新的信息革命的重点将会在“信息”上。

以“云、物、大、智”为代表的新一代信息技术迎来了第 7 次信息革命，如图 7.3 所示。

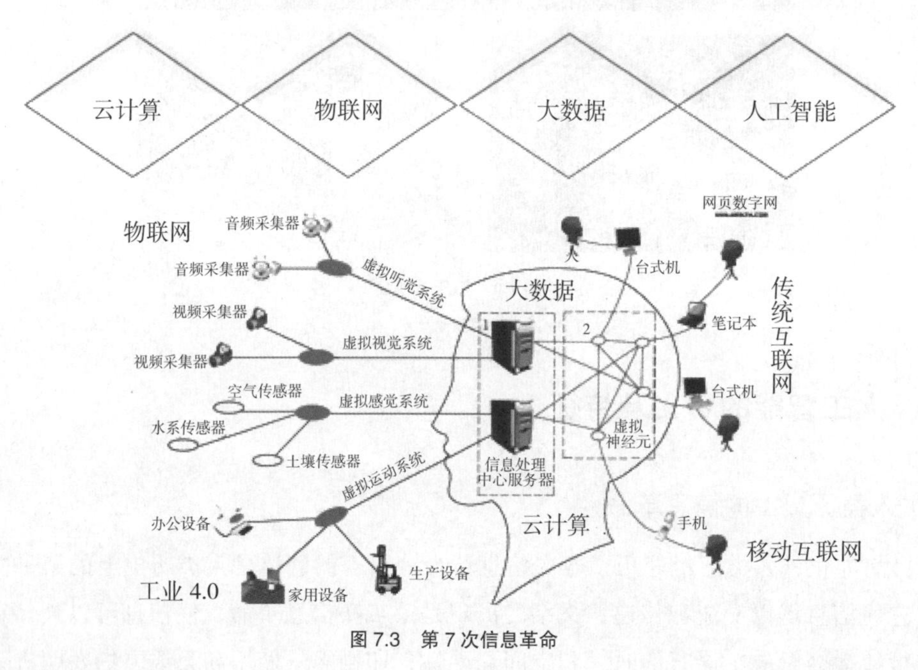

图 7.3 第 7 次信息革命

2）人工智能的定义

“人工智能”一词最初在 1956 年 Dartmouth 学会上提出，自此，研究者们发展了人工智能的众多理论和方法，人工智能的概念也随之扩展。

人工智能（Artificial Intelligence：AI）是研究、开发用于模拟、延伸和扩展人的智能的理论、方法、技术及应用系统的一门新的科学。该领域的研究包括机器人、语音识别、图像识别、自然语言处理和专家系统等。

图 7.4 人工智能

3）人工智能的特征

人工智能是对人的意识、思维的信息处理过程的模拟。在很多方面，传感器赋予人工智能以“超人”的能力，如图 7.5 所示。传感器给人工智能以“眼”去看世界，以一个“好耳朵”去听世界，还赋予人工智能“对事物的敏锐触觉”。因此，人工智能不是人的智能，但能像人那样思考，甚至超过人的智能。

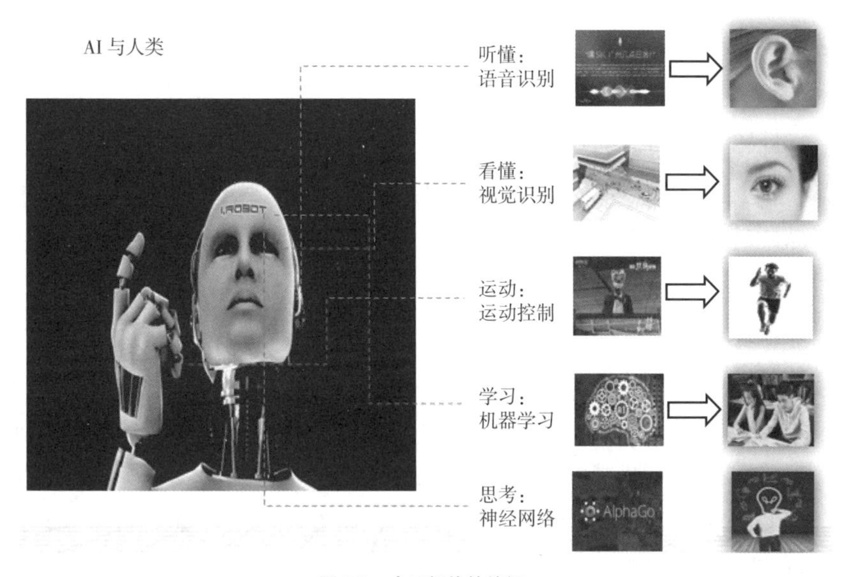

图 7.5　人工智能的特征

人工智能具备如下特征：

（1）语音识别

智能系统能够与人类对话，通过句子及其含义来听取和理解人的语言。它可以处理不同的重音、俚语、背景噪声、不同人的声调变化等，该特征与人的“听”相对应。

（2）自然语言处理

人工智能可以与理解人类自然语言的计算机进行交互，比如常见机器翻译系统、人机对话系统，该功能与人的“说”相对应。

（3）视觉识别

它能够系统理解、解释计算机上的视觉输入。例如，飞机拍摄照片，用于计算空间信息或区域地图；医生使用临床专家系统来诊断患者；警方使用的计算机软件可以识别数据库里面存储的肖像，从而识别犯罪者的脸部；还有我们最常用的车牌识别等。该功能与人的“看”相对应。

（4）运动控制

智能机器人能够执行人类给出的任务，具有传感器，能感知到来自现实世界的光、热、温度、运动、声音、碰撞和压力等数据；拥有高效的处理器和巨大的内存，以展示它的智能，并且能够从错误中吸取教训来适应新的环境。该功能与人的“动”相对应。

（5）神经网络

专家系统为用户提供解释和建议。比如分析股票行情，进行量化交易；比如在国际象棋、扑克、围棋等游戏中，人工智能可以根据启发式知识来思考大量可能的位置并计算出最优的下棋落子。该功能与人的“思考”相对应。

7.1.3 神经网络

神经网络可以分为两种，一种是生物神经网络，另一种是人工神经网络。

生物神经网络一般指生物的大脑神经元、细胞、触点等组成的网络，用于产生生物的意识，帮助生物进行思考和行动。

人工神经网络是一种应用类似于大脑神经突触联接的结构进行信息处理的数学模型，在工程与学术界也常简称为“神经网络”（NNs）或“类神经网络”。

人工神经网络是一种模仿生物神经网络行为特征，进行分布式并行信息处理的数学模型。这种网络依靠系统的复杂程度，通过调整内部大量节点之间相互连接的关系，从而达到处理信息的目的。人工智能背后的秘密就是基于人工神经网络的机器学习，即机器通过学习具有“人类的部分智能”。比如人工智能中的“人脸识别”，如图 7.6 所示，就是机器基于学习、训练，进而实现人脸自动识别的过程。

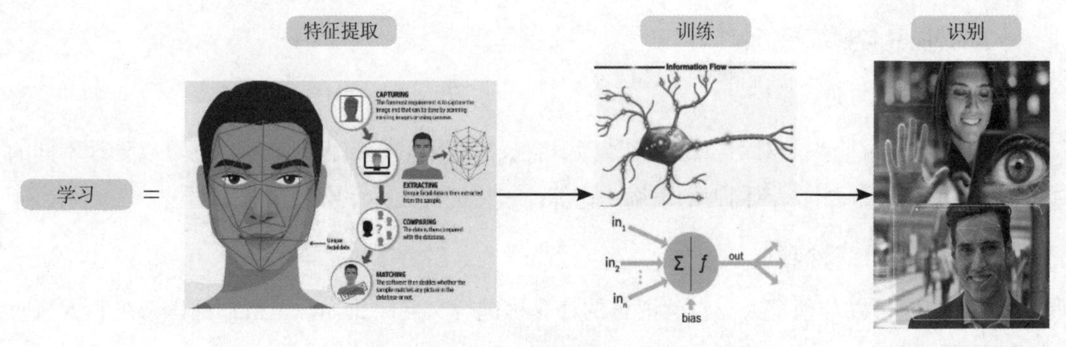

图 7.6　人工神经网络的人脸识别应用

课外拓展：神经网络模型

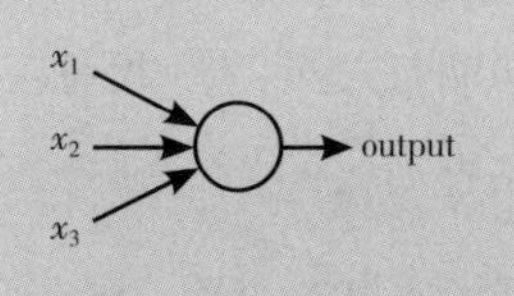

图 7.7　感知机模型图

最简单的神经网络是“感知机”模型，它是一个有若干输入（Input）和一个输出（Output）的模型，如图 7.7 所示是一个 3 输入的感知机模型，x_1、x_2、x_3 为输入。

在一个具有 m 个输入的感知机模型中，中间变量 z 和输入 x_1、x_2、⋯、x_i 之间存在一个线性关系，即

$$z = \sum_{i=1}^{m} \omega_i x_i + b_i$$

如果一个神经元激活函数为

$$\operatorname{sign}(z) = \begin{cases} -1 & z < 0 \\ 1 & z \geqslant 0 \end{cases}$$

则根据 z 的取值，该神经元输出结果为 1 或者 −1。

感知机模型只能用于二元分类，且无法学习比较复杂的非线性问题，因此在很多领域无法使用，因此，在感知机模型上做如下扩展：

①加入隐藏层（hidden layer）。隐藏层可以有多层，增强了模型的表达能力，如图 7.8 所示。增加了这么多隐藏层，模型的复杂度也增加了。

②输出层的神经元可以不止一个，可以有多个输出，这样模型可以灵活地应用于分类回归，以及其他的机器学习领域，比如降维和聚类等。如图 7.9 所示，输出层有 4 个神经元。

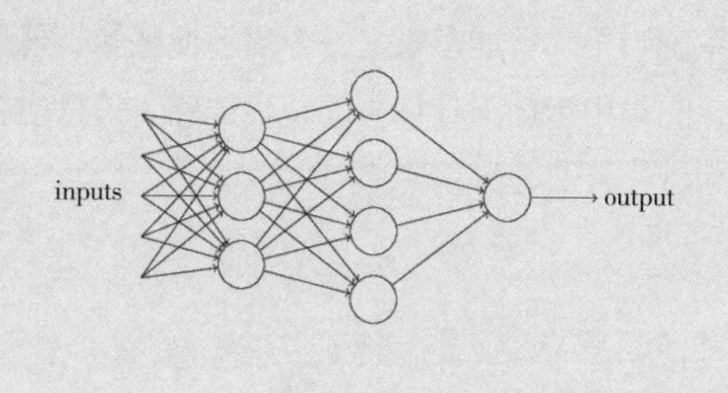

图 7.8　加入隐藏层的 ANNs 模型

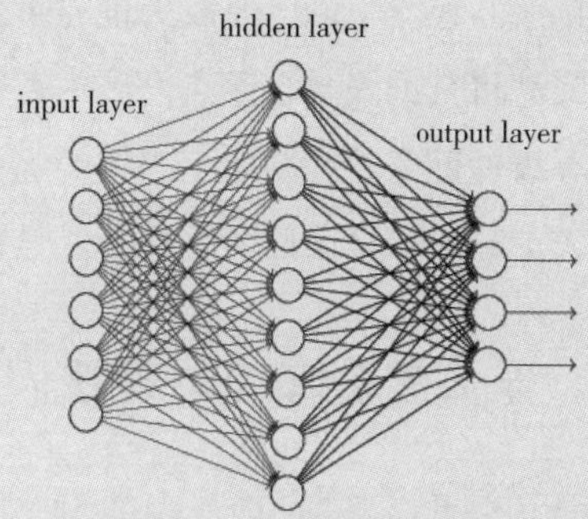

hidden layer
input layer
output layer

图 7.9　具有多个神经元输出的 ANNs 模型

有很多隐藏层的神经网络可以称为深度神经网络（Deep Neural Networks：DNNs）。多层神经网络和深度神经网络 DNNs 其实是指一个东西，DNNs 有时也叫作多层感知机（Multi-Layer Perception：MLP）。

按不同层的位置划分，DNNs 内部的神经网络层可以分为三类——输入层、隐藏层和输出层，如图 7.10 所示，一般来说第一层是输入层，最后一层是输出层，而中间的层数都是隐藏层。

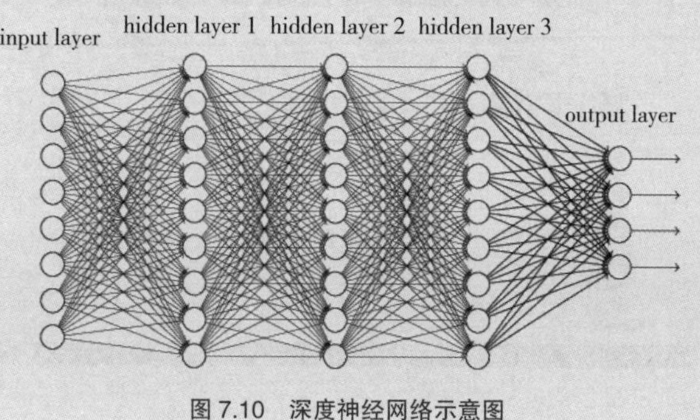

图 7.10　深度神经网络示意图

DNNs 内部层与层之间是全连接的，也就是说，第 i 层的任意一个神经元一定与第 $i+1$ 层的任意一个神经元相连。

虽然 DNNs 看起来很复杂，但是从小的局部模型来说，其功能还是和感知机一样，即可用一个线性关系 $z=\sum_{i=1}^{m}\omega_i x_i+b_i$ 和一个激活函数 $\mathrm{sign}(z)=\begin{cases}-1 & z<0\\1 & z\geqslant 0\end{cases}$ 来表示。由于 DNNs 层数多，则线性关系系数 ω_i 和偏移 b_i 的数量也很多。

除此之外，还有卷积神经网络（Convolutional Neural Networks：CNNs）和循环神经网络（Recurrent Neural Networks：RNNs），大家了解即可。

7.2　智能汽车

近年来，智能车辆已经成为世界车辆工程领域研究的热点和汽车工业增长的新动力，很多发达国家都将其纳入各自重点发展的智能交通系统当中。智能车辆是一个集环境感知、规划决策、多等级辅助驾驶等功能于一体的综合系统，它集中运用了计算机、现代传感、信息融合、通信、人工智能及自动控制等技术，是典型的高新技术综合体。

7.2.1　无人驾驶等级与现状

1）无人驾驶等级（L0—L4）

从发展的角度，智能汽车可以分为两个阶段。第一阶段是智能汽车的初级阶段，即辅助驾驶阶段；第二阶段是智能汽车发展的高级阶段，即无人驾驶阶段。美国高速公路安全管理局将智能汽车定义为以下五个层次 (L0—L4)，如图 7.11 所示。

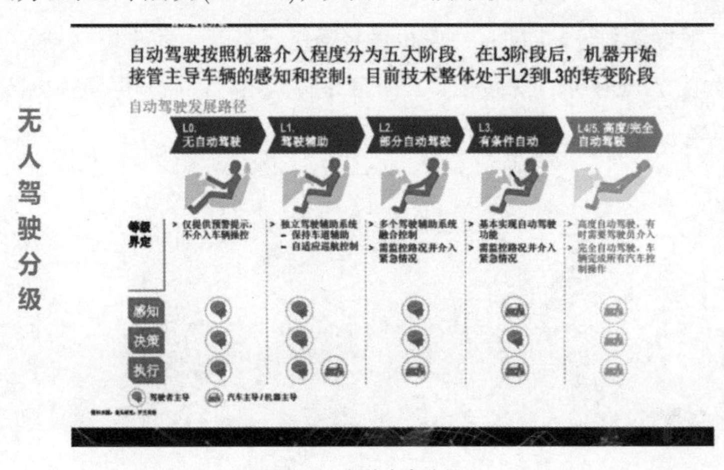

图 7.11　智能汽车分级

（1）无智能化（L0）

该层次汽车由驾驶员时刻完全地控制汽车的原始底层结构，包括制动器、转向器、油门踏板以及启动。

（2）具有特殊功能的智能化（L1）

该层次汽车具有一个或多个特殊自动控制功能，通过警告防范车祸于未然，可称之为“辅助驾驶阶段”，如车道偏离警告系统、正面碰撞警告系统、盲点信息系统。

（3）具有多项功能的智能化（L2）

该层次汽车具有将至少两个原始控制功能融合在一起实现的系统，完全不需要驾驶员对这些功能进行控制，可称之为“半自动驾驶阶段”。这个阶段的汽车会智能地判断司机是否对警告的危险状况做出响应，如果没有，则替司机采取行动，比如紧急自动刹车系统、紧急车道辅助系统。

（4）具有限制条件的无人驾驶（L3）

该层次汽车能够在某个特定的驾驶交通环境下让驾驶员完全不用控制汽车，而且汽车可以自动检测环境的变化以判断是否返回驾驶员驾驶模式，可称之为“高度自动驾驶阶段”。

（5）全工况无人驾驶（L4）

该层次汽车完全自动控制车辆，全程检测交通环境，能够实现所有的驾驶目标，驾驶员只需提供目的地或者输入导航信息，在任何时候都不需要对车辆进行操控，可称之为“完全自动驾驶阶段”或者“无人驾驶阶段”。

2）国内外无人驾驶技术

谷歌无人驾驶汽车是美国谷歌（Google）公司的 Google X 实验室研发的 L3 级智能汽车，不需要驾驶者就能启动、行驶以及停止。谷歌智能车使用照相机、雷达感应器和激光测距机来“看”交通状况，并且使用详细地图来导航，如图 7.12 所示。

美国特斯拉（Tesla）公司的 Model S 智能车，搭载高级辅助驾驶系统—— Autopilot 功能，具备车道保持、自动变道和自动泊车等功能，如图 7.13 所示，也属于 L3 等级。2016 年年底，它通过使用更多的传感器包括 8 个摄像头、12 个超声波传感器以及一个前置雷达，同时搭载了新一代处理器，对 Autopilot 功能升级到 Autopilot 2.0，成为首个最接近 L4 的量产解决方案。

中智行公司对中国第一汽车公司红旗 H7 汽车进行“智能化”改装，车载传感器从底层技术开始便将 5G 与 AI 融合，渗透到无人驾驶技术的感知、智能规划、系统安全等方面，使车辆探测距离达到 200 m，对行人、车辆、障碍物、交通信号灯和指示牌做出反应，同时能预测周围物体的下一步行为轨迹，刹车响应时间约 0.2 s，并完成转向、绕桩、躲避障碍物及行人等功能，如图 7.14 所示。

图 7.12　谷歌无人驾驶汽车

图 7.13　特斯拉无人驾驶汽车

图 7.14　5G 与 AI 融合的红旗 H7 无人驾驶汽车

7.2.2　无人驾驶汽车的功能

无人驾驶的核心技术是环境感知、精准定位、路径规划、线控执行，这需要用到大量传感器。现有的车载传感器包括超声波雷达、激光雷达、毫米波雷达、车载摄像头、红外探头等，主流的无人驾驶传感平台以激光雷达和车载摄像头为主，并呈现多传感器融合发展的趋势。基于测量能力和环境适应性，预计激光雷达和车载摄像头会持续占据传感器平台的霸主地位，并不断与多种传感器融合，发展出多种组合版本。完备的无人驾驶系统如图 7.15 所示，各个传感器之间借助各自所长相互融合、功能互补、互为备份、互为辅助。

1）感知——环境感知

为了确保无人车对环境的理解和把握，无人驾驶系统的环境感知部分通常需要获取周围环境的大量信息，包括：障碍物的位置，速度以及可能的行为，可行驶的区域，交通规则等。

复杂环境中，智能汽车的感知这一关键技术如图 7.16 所示，正如上述介绍的各类正在测试中的智能汽车，主要通过声光电传感器实现。

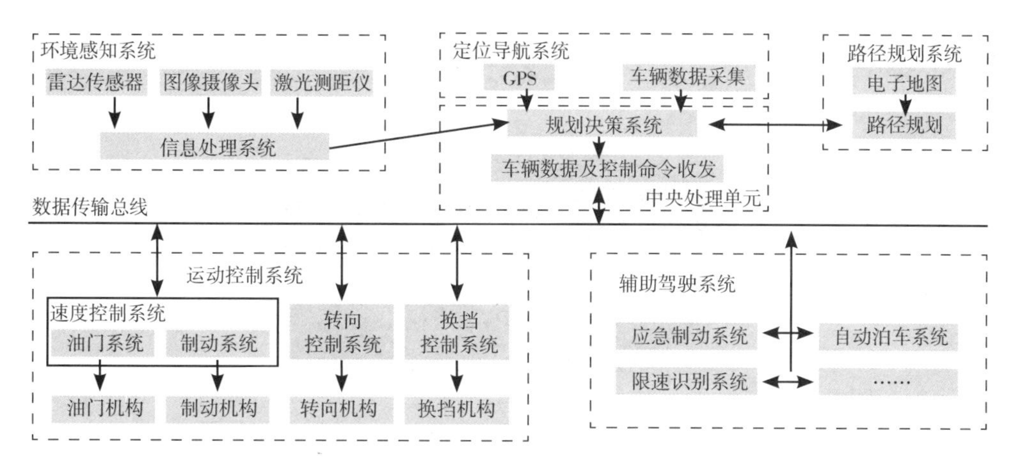

图 7.15　无人驾驶系统核心

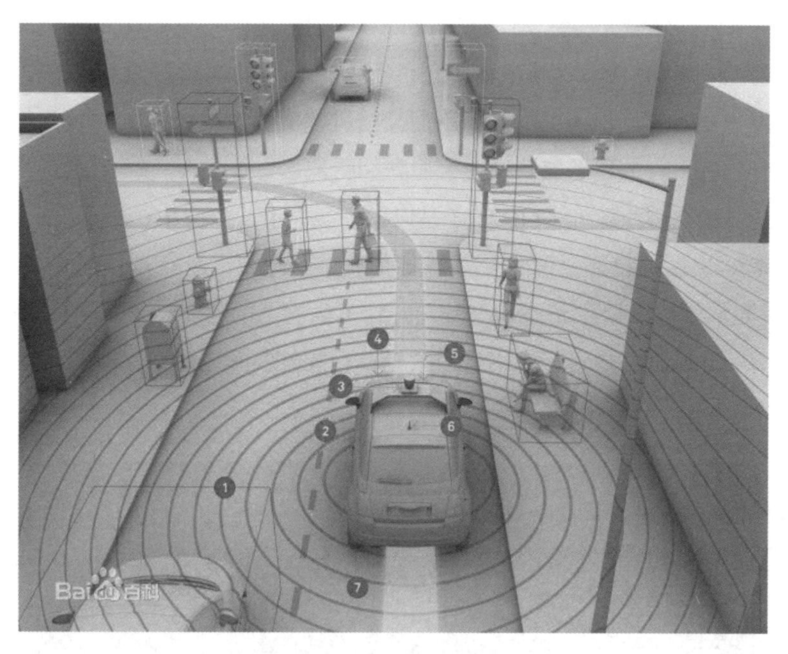

图 7.16　无人驾驶汽车场景感知

①立体摄像机。摄像头作为视觉传感器的载体，已经成为无人驾驶汽车的核心硬件之一，如图 7.17 所示。其工作原理：首先，通过电荷耦合器件阵列 CCD 采集图像，并将图像转换为二维数据；其次，进行模式识别，通过图像匹配进行识别，如识别行驶环境中的车辆、行人、车道线、交通标志等；然后，依据物体的运动模式或使用双目立体视觉定位，以估算目标物体与本车的相对距离和相对速度。

双目立体视觉的基本原理是模仿人类视觉的立体感知过程，从两个视点图像传感器阵列 CCD 观察同一景物，获取不同视角下的感知图像，通过三角测量原理计算图像像素间的位置偏差，重构景物的三维深度信息。比如，在挡风玻璃上装载两个立体摄像头，可以实时生成前方路面的三维图像，检测诸如行人之类的潜在危险，并且预测他们的行为。

图 7.17 车载摄像头

②红外摄像头。红外摄像头常使用红外光 LED 发射人眼看不见的红外线以照亮前方物体，漫射红外光被摄像机 CCD 接收，形成夜晚条件下前方物体的视频图像。汽车夜视辅助功能常用两个前灯来发送不可见红外线到前方的路面，挡风玻璃上装载的摄像头则用来检测反射红外光，并且在汽车中控平台的显示器上呈现被照亮的图像。

③激光雷达。激光测距系统（LIDAR）是以发射激光束（多为 950 nm 波段附近的红外光）探测目标的位置、速度等特征量的雷达系统。谷歌无人驾驶汽车在车顶配置了 Velodyne 公司的 64 束激光、光学相控阵型激光雷达，激光碰到车辆周围的物体，又反射回来，它每秒钟能向环境发送数百万光脉冲，通过旋转结构，激光雷达能够实时地建立起周围环境的三维地图，如图 7.18 所示。

图 7.18 三维地图

④毫米波雷达。毫米波雷达是利用波长为毫米数量级的无线电波，通过测量发射无线电波信号的往返时间，计算汽车车身周围的物理环境信息（如汽车与其他物体之间的相对距离、相对速度、角度、运动方向等），如图 7.19 所示，可进一步用于目标追踪和识别分类。相比于激光雷达，毫米波雷达穿透雾、烟、灰尘的能力更强。

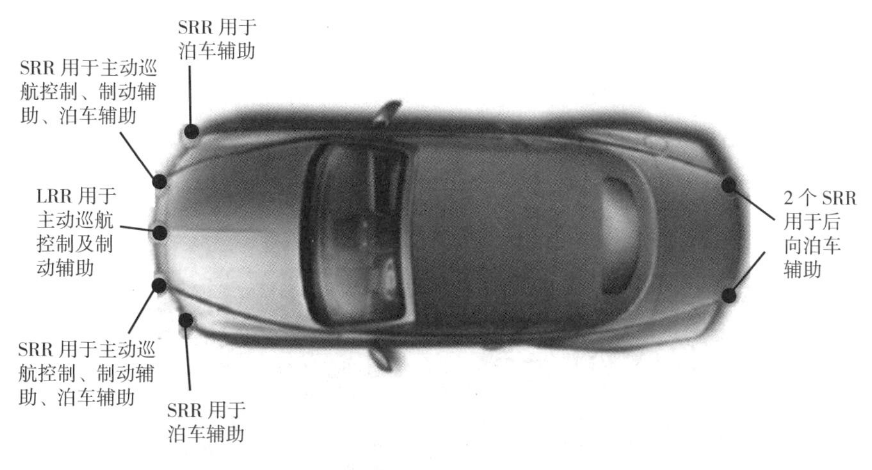

图 7.19　车载毫米波雷达

⑤车轮角度编码器。角度编码器的基本原理是将位移转换成周期性的电信号，再把这个电信号转变成计数脉冲，用脉冲的个数表示位移的大小。车轮角度编码器用于智能汽车的车速测量。

⑥ GPS/ 惯性导航。导航最早起源于航海技术，即由已知的定点用罗盘及航速推算出目前所在位置的方法。目前，使用最广泛的无人车定位方法当属融合全球定位系统（Global Positioning System，GPS）和惯性导航系统的定位方法，其中，GPS 的定位精度为数十米到厘米级别。融合 GPS/ 惯性导航的定位方法在 GPS 信号缺失、微弱的情况下无法做到高精度定位，如地下停车场，周围均为高楼的市区等。谷歌无人汽车使用 Applanix 公司的定位系统，以及 Google 定制地图和 GPS 技术，告知自动驾驶员他正在去哪儿。

2）高精度和高可靠性定位

在无人车感知层面，定位的重要性不言而喻，无人车需要知道自己相对于环境的一个确切位置，这里的定位不能存在超过 10 cm 的误差。试想一下，如果无人车定位误差为 30 cm，那么这将是一辆非常危险的无人车（无论是对行人还是乘客而言），因为无人驾驶的规划和执行层并不知道它存在 30 cm 的误差，仍然按照定位精准的前提来做出决策和控制，那么某些情况下作出的决策就可能是错的，从而造成事故。由此可见，无人车需要高精度的定位。

在实践中，一种有效的无人车定位方法是事先使用传感器如激光雷达对区域构建点云地图，通过程序和人工的处理将一部分“语义”添加到地图中（例如车道线的具体标注、路网、红绿灯的位置、当前路段的交通规则等），这个包含了语义的地图就是无人驾驶车的高精度地图。

无人驾驶对可靠性和安全性要求非常高，除了 GPS 与惯性传感器外，通常还会使用激光雷达 LiDAR 点云与高精地图匹配，以及视觉里程计算法等定位方法，让各种定位法互相纠正以达到更精准的效果。目前，常见的多传感器融合的定位手段有：GPS+ 角度累加 + 里程计、GPS+ 激光雷达 + 高精地图和多对双目视觉摄像头等。

3）规划

无人驾驶汽车的规划可分为三层次：任务规划、行为规划和动作规划。

①任务规划。任务规划通常也被称为路径规划或者路由规划，负责相对顶层的路径规划，例如起点到终点的路径选择。把当前的道路系统处理成有向网络图或路网图，如图 7.20 所示，它能够表示道路和道路之间的连接情况、通行规则、道路的路宽等各种信息，其本质上就是在前面的"定位"小节中提到的高精度地图的"语义"部分。

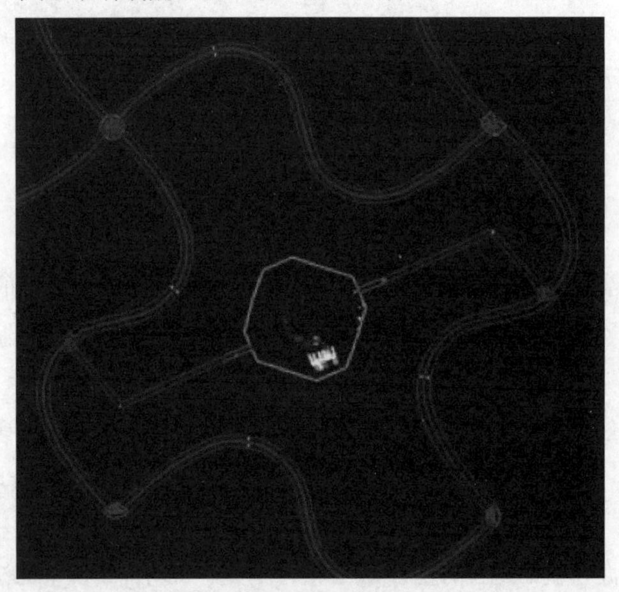

图 7.20　路网图

在这样的路网图中，每一个有向边都带有权重，则无人车的路径规划问题就变成了在路网图中，为了让车辆达到某个目标，基于某种方法选取最优路径的过程，也就变成了一个有向图搜索问题。离散图的最优路径搜索算法如迪杰斯特拉 (Dijkstra) 算法和 A*（A-Star）算法等常被用于搜索路网图中最优的路径。

②行为规划。行为规划有时也被称为决策制定，主要任务是按照任务规划的目标和当前的局部情况（其他车辆和行人的位置和行为，当前的交通规则等），做出下一步无人车应该执行的决策，可以把这一层理解为车辆的副驾驶，他依据目标和当前的交通情况指挥驾驶员是跟车还是超车，是停车等待行人通过还是绕过行人等。

有限状态机是无人车行为规划实现的主流行为决策方法。该方法从一个基础状态出发，将根据不同的驾驶场景跳转到不同的动作状态，将动作短语传递给下层的动作规划层，图 7.21 是一个简单的有限状态机。每个状态都是对车辆动作的决策，状态和状态之间存在一定的跳转条件，某些状态可以自循环（比如 7.21 图中的等待状态）。

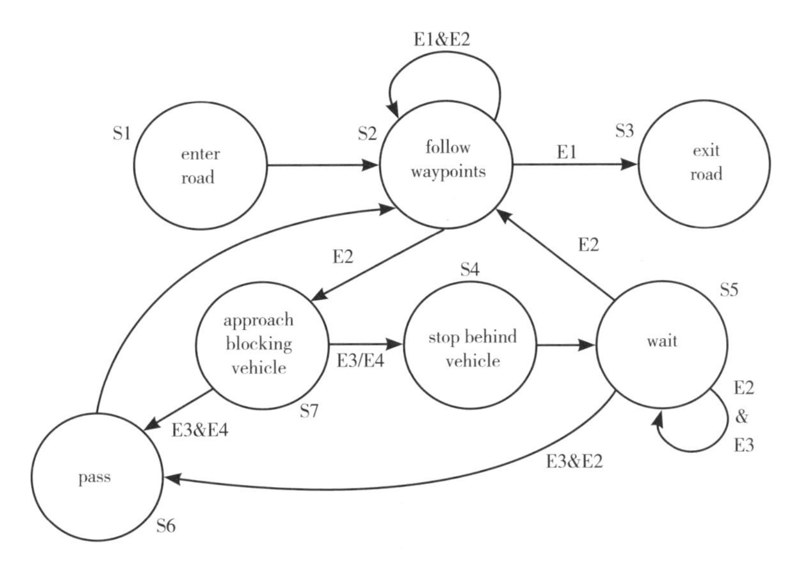

图 7.21　有限状态机

③动作规划。通过规划一系列的动作以达到某种目的（比如说规避障碍物）的处理过程被称为动作规划。动作规划解决问题的核心理念是将连续空间模型转换成离散模型，具体的方法可以归纳为两类：组合规划方法和基于采样的规划方法。

组合规划方法通过连续的配置空间找到路径，而无需借助近似值，该方法被称为精确算法。这种方法通过对规划问题建立离散表示来找到完整的解，如在 Darpa 城市挑战赛中，CMU 的无人车 BOSS 所使用的动作规划算法，他们首先使用路径规划器生成备选的路径和目标点，然后通过优化算法选择最优的路径。

基于采样的规划方法由于其概率完整性而被广泛使用，最常见的算法如随机路图和快速搜索随机树等。

4）控制

控制层作为无人车系统的最底层，其任务是将规划好的动作实现，所以控制模块的评价指标即为控制的精准度。控制系统内部会存在测量，控制器通过比较车辆的测量和预期的状态输出控制动作，这一过程被称为反馈控制。

PID 算法是控制行业最经典、最简单而又最能体现反馈控制思想的算法。对于一般的研发人员来说，设计和实现 PID 算法是完成自动控制系统的基本要求。

课外拓展：PID 算法

按偏差的比例、积分、微分进行控制的控制器称为 PID 控制器。模拟 PID 控制器的原理框图如图 7.22 所示，其中 $r(t)$ 为系统给定值，$c(t)$ 为实际输出，$u(t)$ 为控制量。PID 控制解决了自动控制理论所要解决的最为基本的问题，即系统的稳定性、快速性和准确性问题。调节 PID 的参数，可以实现在系统稳定的前提下，兼顾系统的带载能力和抗扰能力。同时由于在 PID 控制器中引入了积分项，系统增加了一个零积点，这样系统阶跃响应的稳态误差就为零。

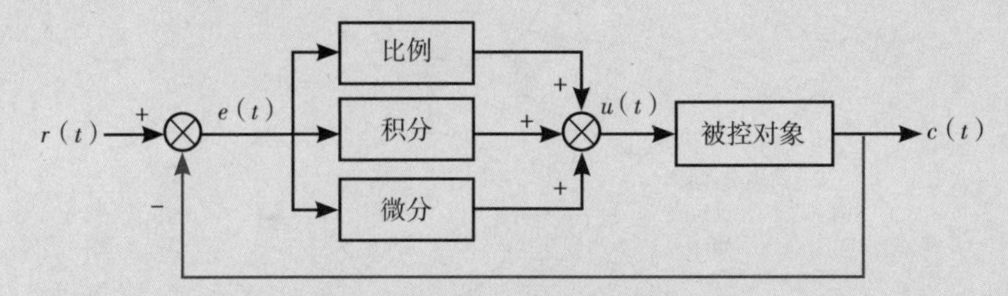

图 7.22　模拟 PID 控制器的原理框图

模拟 PID 的基本控制规律就可以表示为如下公式：

$$u(t)=k_p\left[e(t)+\frac{1}{T_i}\int_0^t e(\tau)\mathrm{d}\tau+T_d\frac{\mathrm{d}e(t)}{\mathrm{d}t}\right]$$

其中，k_p 为比例系数，T_t 为积分时间，T_d 为微分时间。

•P 项的计算（比例项）

此项的计算简单易懂，首先通过传感器获得控制对象的当前值（PV），一旦达到设定值（SV）的时候，即 PV=SV，就使控制对象停止工作；若 PV < SV 就以最大功率工作。

若只以此项计算的值来控制控制对象，就会使控制对象只处于停止或最大功率工作两种状态。

•I 项的计算（积分项）

将历史的当前值与设定值的差求和，就可以得出一个求和的值，再给求和的值乘以一个参数就能根据历史状态得出预测，用此预测就可以控制输出信号。输出信号的强度就好比速度 v，对速度 v 在时间 t 上积分就得到行驶的总路程，用总路程的大小就可以预测接下来速度应大点还是小点。输出信号也一样，对历史偏差求和就可以预测输出信号的强弱。

•D 项的计算（微分项）

继续使用速度 v 和时间 t 的例子，如果对速度 v 在时间 t 上求导，也就是微分，就能得到这段时间的加速度，根据加速度的大小就能预测速度的大小。D 项的算法也是如此，对最近两段等时间内的当前值与设定值之差再求差，就是微分了，将得到的值乘以一个参数也能得到一个值，就是 D 项的值了。

将这 3 项的值相加，就能得到 PID 的完整值了。但实际应用中，也可以只使用其中的一项或两项。

7.3　MSP430 小车的智能化控制实例

如上节关于无人驾驶汽车技术所述，汽车行驶往往需要感知道路环境如交通标志线等，因此，本节借助第 6 章搭建的图形化可编程小车平台，结合第 4 章的相关传感器的应用，深入学习单片机编程技术和方法，实现小车的智能化如自动巡线功能等，从而达到了解和模拟无人驾驶汽车道路偏离报警与控制，进一步理解无人驾驶关键技术。

7.3.1　小车的循迹与避障

1）循迹的基本原理

循迹是指小车在白色地板上循黑线行走，由于黑线和白色地板对光线的反射系数不同，可以根据接收到的反射光的强弱来判断“道路”。

2）循迹方法

类似无人汽车感知关键传感器——红外摄像机的原理，循迹通常采取的方法也是红外探测法，即利用红外线在不同颜色的物体表面具有不同反射性质的特点，在小车行驶过程中向地面发射红外光，当红外光遇到白色纸质地板时发生漫反射，反射光被装在小车上的红外接收传感器接收；如果遇到黑线则红外光被吸收，小车上的接收管接收不到红外光。单片机根据是否接收到反射回来的红外光来确定黑线的位置和小车的行走路线。

3）实例

例 7.1　通过光敏传感器实现小车循迹行走，循迹道路如图 7.23 所示。

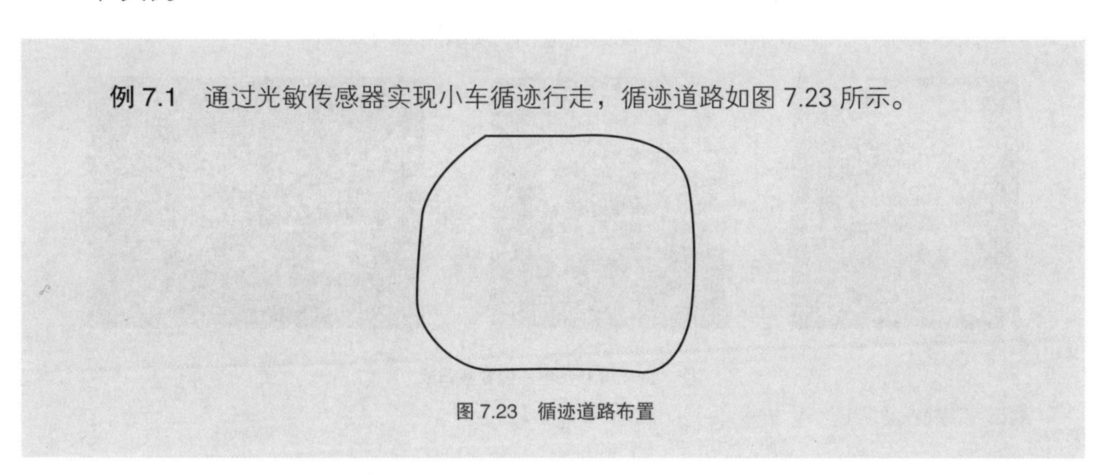

图 7.23　循迹道路布置

设计思路：根据 6.2 节所述小车的硬件电路及工作原理，当发光二极管 D1 和 D2 所发射出的光线照射在白纸和黑色的轨迹上时，光线的反射作用不同，则光敏器件 R13 和 R14 接收到的光强不同，并以此为依据感知和定位小车的位置，进而决定和执行小车车轮的驱动，完成小车循迹行走任务。

（1）硬件连接

小车 PCB 板线路已经把检查左右黑线的光敏检查电路输出信号端分别连接到 MSP430 单片机的引脚 P14 和 P15，此时，可以利用万用表的通断测试功能，进行实际确认。注意，当小车运行速度较快时容易脱离轨道，可把小车直流电机转速设置为较低状态。

（2）轮胎调试

小车的轮胎有不同的种类，但是小轮胎比大轮胎能更好地控制小车速度及方向，因此建议使用较小的轮胎，如图 7.24 所示。

图 7.24　轮胎

（3）参数调试——光检测电路测试

调试小车的光检测电路（光检测电路详见 6.2 小节），测验工具与材料包括：黑纸、白纸和万用表，将光检测电路（主要是光敏电阻的接受面和发光二极管的照射面）分别置于黑纸和白纸上，用万用表直流电压挡测出光敏电阻 R13 和 R14 所在支路的输出电压值即 P1.4 和 P1.5 端口的电压，并记录数据。当光敏电阻检查电路的输出电压变化不大或者变化过大时，可以通过调试电位器 R4/R5 来调节检测信号电压变化范围，如图 7.25 所示。

图 7.25　光检测电路的参数调试

测试结果见表 7.1。

表 7.1　光检测电路输出电压测试结果

引　脚	白　纸	黑　纸
P14	2.0 V	2.7 V
P15	2.3 V	2.9 V

（4）控制参数设置

光敏电阻检查电路的输出电压值为模拟量，经 PCB 线路直接进入单片机 I/O 口，然后由内部 AD 进行模 / 数转换，转换后的数值作为小车对当前位置的监测值，然后结合任务进行控制。

控制方法可以采用 7.2.2 节所述的 PID 等控制算法，但这里采用更简单的门限控制方法，即超过某个值，就执行电机启停。其中，关键问题就是确定门限值的大小参数。根据光敏检查测试数据表 7.1，结合 AD 转换换算关系，可以初步确定门限值，然后根据实际场景进行微调获得最佳值，如 P1.4 端口门限的最佳数值约为 560，P1.5 端口门限的最佳数值约为 649。

（5）编写代码块

根据上述的思路分析，小车循迹过程有三种情况：当左右光检测电路输出值（块代码 analogRead 函数读取）都小于相应的阈值（如 560 和 649）时，两个电机同时运行；当右轮监测值（$V_{P1.4}$）大于相应的阈值时，右轮压线，停止右轮，并延时一段时间；当左轮监测值（$V_{P1.5}$）大于相应的阈值时，左轮压线，停止运行，并适当延时。其中，延时函数时间参数的取值大小与小车实际轨迹的摆幅大小有关，参考代码如图 7.26 所示。

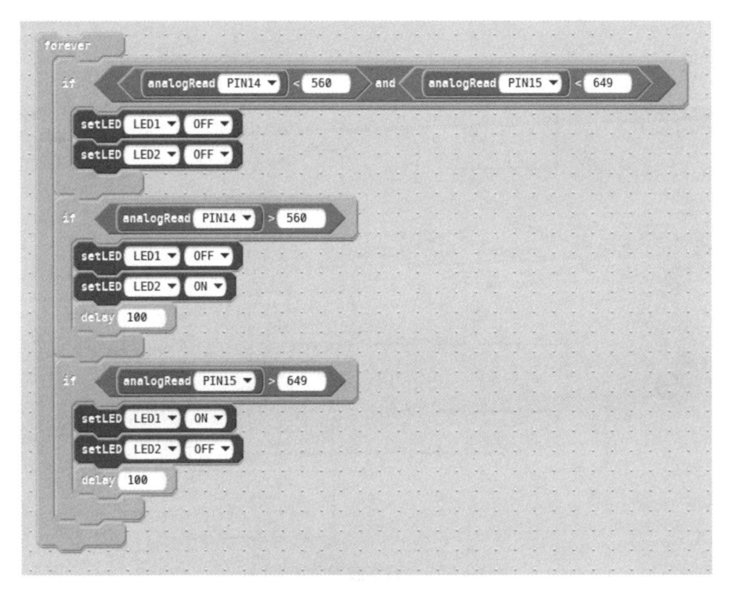

图 7.26　小车循迹的参考代码

（6）测试

小车循迹运行效果如图 7.27 所示，其中发光二极管 LED 的发光情况指示小车左右电机运行状态。

智能小车进入循迹模式后，开始不停地读取光敏电阻输出电压值，判定检测信号是否满足某个条件，一旦满足就进入相应代码处理。如果是右传感器探测到了黑线，即车身右半部压住黑线，小车向左偏出了轨迹，则应使小车向右转。在经过方向调整后，小车再继续向前行走，并继续探测黑线，重复上述动作。

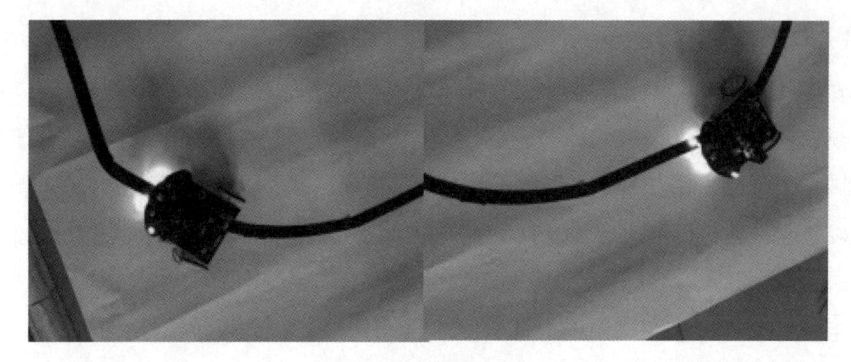

图 7.27　循迹测试结果

类似上述过程，利用超声波等模块可以完成小车的避障功能。超声模块检测前方、左边、右边是否有障碍物，当没有障碍物时，小车直走；当前方遇到障碍物，则小车做后退运动，直至前方没有障碍物，这时小车恢复直走；如果前方有障碍物，同时左边也有障碍物的时候，则小车右转，直至左边没有障碍或者前方没有障碍物，这时小车恢复直走，流程图如图 7.28 所示。

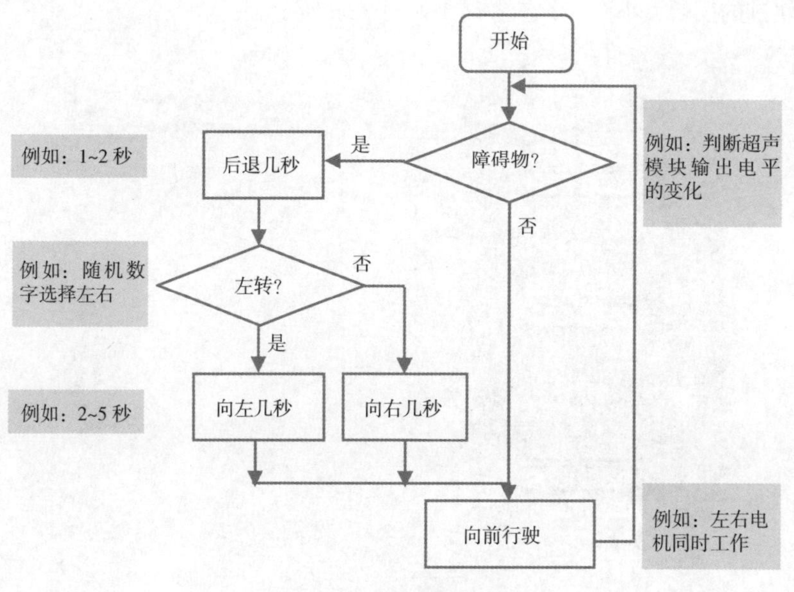

图 7.28　超声波避障流程图

7.3.2　小车的脉宽调制调速控制

调速是无人驾驶汽车最重要功能之一。无人驾驶汽车往往通过电能作为能量来源，行驶动力来源于电机，而电机调速主要由脉宽调制（PWM）为核心的控制器完成。本节将分析 PWM 调速基本原理及实施方法，然后应用于 MSP430 小车编程设计，把小车电机控制从简单的启停两个控制变量，提升到多个控制维度，从而提供小车 MPS430 的智能化程序。

1）脉宽调制（PWM）原理及调速

脉冲宽度调制（PWM）是一种对模拟信号幅度进行数字编码的方法。通过高分辨率计数器的使用，方波的占空比被调制用来对一个具体模拟信号的幅度进行编码。PWM 信号是数字形式的，因为在给定的任何时刻，满幅值的直流供电要么处于开通状态（ON），要么处于关断状态（OFF），则电压或电流源以一种通（ON）或断（OFF）的重复脉冲序列加到负载上的。只要带宽足够，任何模拟值都可以使用 PWM 进行编码。

PWM 调速是利用全控型功率器件（如三极管、场效应管和 IGBT 等）的开关特性来调制固定电压的直流电源。驱动装置按一个固定的频率来控制开关器件的接通和断开，并根据需要改变一个周期内“接通”与“断开”时间的长短，即改变直流电动机电枢上施加电压的“占空比”来改变平均电压的大小，从而控制电动机的转速，如图 7.29 所示。

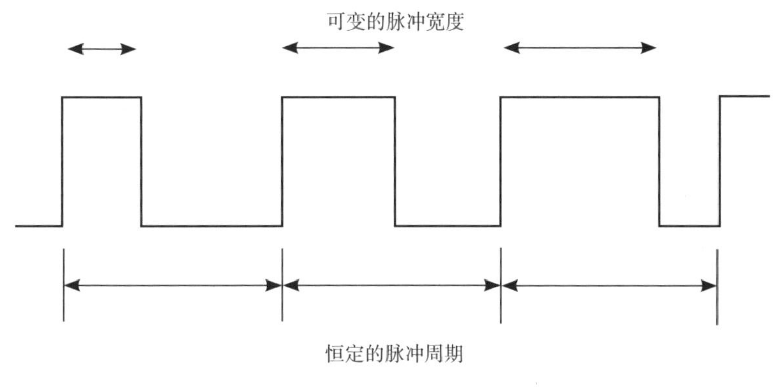

图 7.29　PWM 调速方式

课外拓展：PWM 控制算法简介

（1）等脉宽 PWM 法

等脉宽 PWM 是最简单 PWM 方法，它把脉冲宽度均相等的脉冲列作为 PWM 波，通过改变其周期，达到调频的目的。改变脉冲宽度可以调压，采用适当控制方法即可使电压与频率协调变化。

（2）正弦 PWM 法

正弦 PWM 法或 SPWM 是一种比较成熟的、广泛使用的 PWM 法。SPWM 法就是以控制理论重要结论为理论基础，即：冲量相等而形状不同的窄脉冲加在具有惯性的环节上时，效果基本相同。SPWM 的脉冲宽度按正弦规律变化，使输出的脉冲电压的面积与所期望输出的正弦波在相应区间内的面积相等。在电动汽车驱动控制中，需要采用逆变电路把电池提供的直流电压逆变成可以驱动交流电机的正弦波电量。在此电路中，采用 SPWM 对逆变电路开关器件（如 MOSFET）的通断进行控制。如图 7–30 所示，上图为正弦波信号，采用 SPWM 调制控制脉冲宽度按该正弦波的幅值规律变化，从而驱动交流电机转动。改变 SPWM 的输出频率，则可实现直流电机的调速。

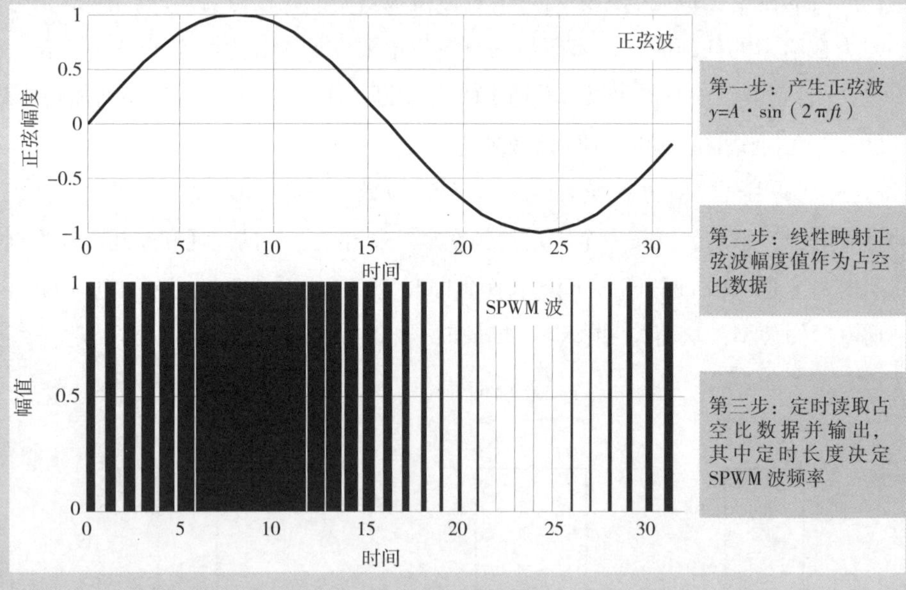

图 7.30　SPWM 波形图

（3）等面积法

等面积法是在 SPWM 法原理的基础上发展出的方法，它用同样数量的等幅而不等宽的矩形脉冲序列代替正弦波，然后计算各脉冲的宽度和间隔，并把这些数据存于微处理器中，通过查表的方式生成 PWM 信号控制开关器件的通断，以达到预期的目的。

2）实例

例 7.2　通过单片机产生小车直流电机的调速 PWM 波形如图 7.31 所示，用于实现电机的转速控制。

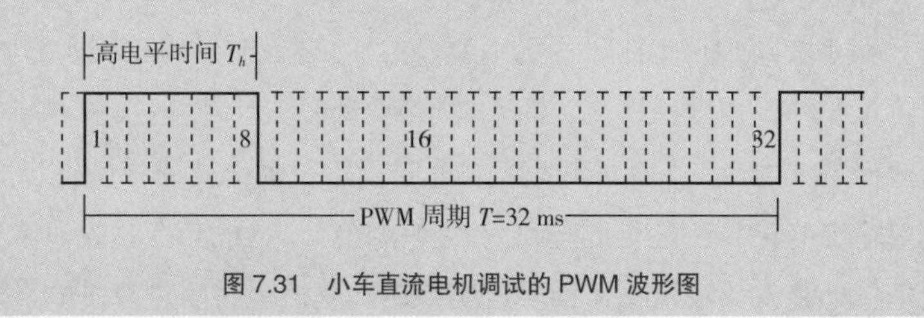

图 7.31　小车直流电机调试的 PWM 波形图

设计思路：采用单片机设置定时初值，在中断服务函数中对占空比进行调整，实现 PWM 波形。步骤如下：

①如图 7.31 所示，定义 PWM 波形的周期为 32 ms，并把该脉冲波形分成 32 份（等同于 32 个高低电平构成一个周期波形），这样每份电平的时间即为 32 ms/32=1 ms。

②定义一个变量 count 来计算定时器进入中断服务函数的次数，比如中断 1~8 次，在这 8 次中断中，设置对应的使能端口为高电平；在中断次数大于 8、小于 32 时，定义使能端口为低电平。这样就完成了一个周期等于 32 ms 的 PWM 波形的定义，其占空比为 8/32，用于实现对电机转速的控制。

③硬件连接及块代码编程。PWM 调节速度参数控制小车速度，其端口配置如图 7.32 左图所示，代码块如图 7.32 右图所示，改变 PWM 的占空比可改变电机的速度。

除采用上例所示 PWM 方法调节电机速度外，还可采用 Modkit 提供的 MoToR 相关块代码实现电机速度的控制，如图 7.33 所示。首先在“Hardware”界面中拖出 MoToR1 和 MoToR2 两个元件块，并进行端口配置，在“Block”界面中编写代码块如图 7.33 右图所示，采用 moforspeed（ ）函数设定电机转速为 100 转 / 分。

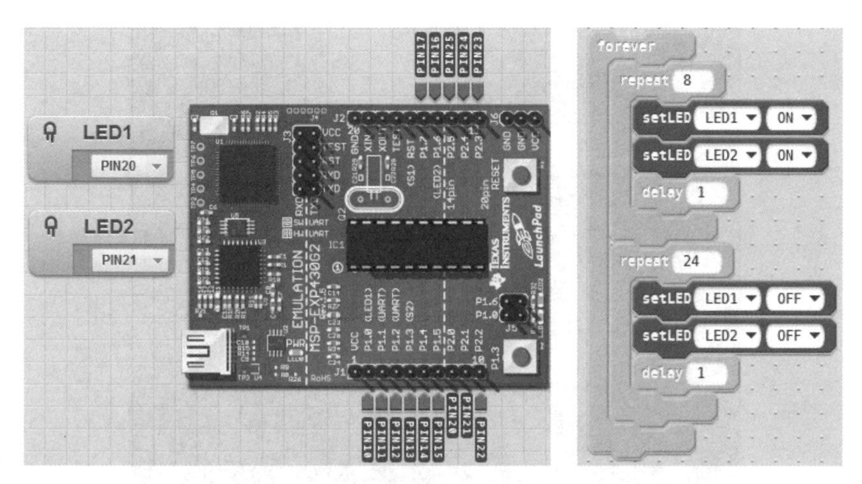

图 7.32　PWM 电机调速等硬件配置和参考代码

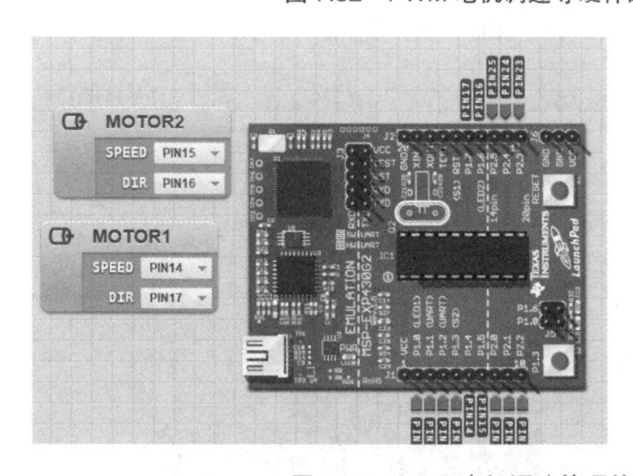

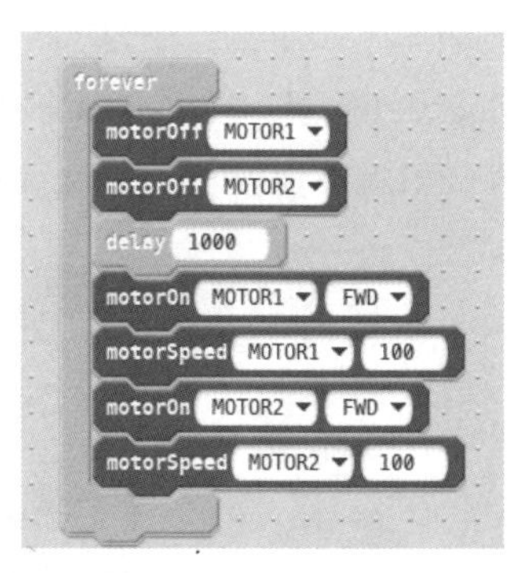

图 7.33　PWM 电机调速等硬件配置和参考代码

7.3.3 小车的灯光功能

灯光作为汽车的重要安全装置，起到了“驾驶人员看清驾驶环境以及别人看见驾驶车辆”的作用，需要结合感知信息进行灯光的控制处理，如紧急停车的双闪黄灯等。

例 7.3 利用红绿蓝 RGB 一体化 LED，可以实现 MSP430 小车模拟国家安全规定的汽车灯光需求。

采用 RGB LED 实现 MPS430 小车控制信息的指示的过程如下：

①硬件连接: RGB LED 模块的 4 个端子用杜邦线分别连接至小车 PCB 板单片机对应的引脚，即：R 与 P1.2 连接，G 与 P2.1 连接，B 与 P1.6 连接，还需把 GND 接地，引脚硬件连接如图 7.34 所示。

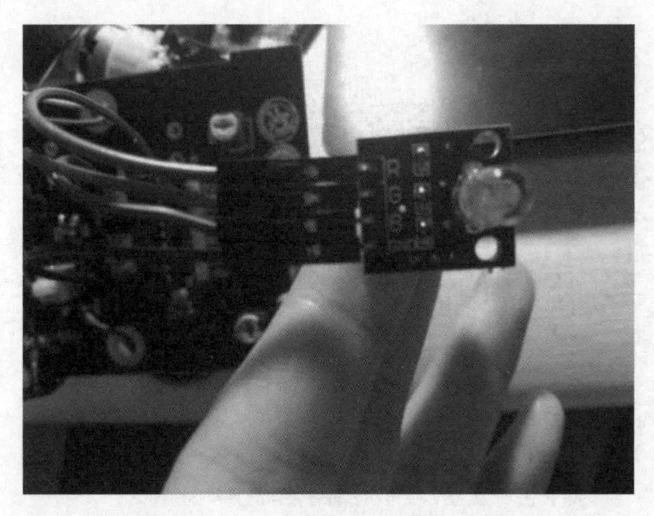

图 7.34 小车连接 RGB LED 的硬件连接图

② Modkit 硬件配置：在 Modkit 软件中，对小车单片机 RGB LED 模块的引脚进行设置，设置 R、G、B 的引脚分别为 PIN12、PIN21、PIN16，如图 7.35 所示。

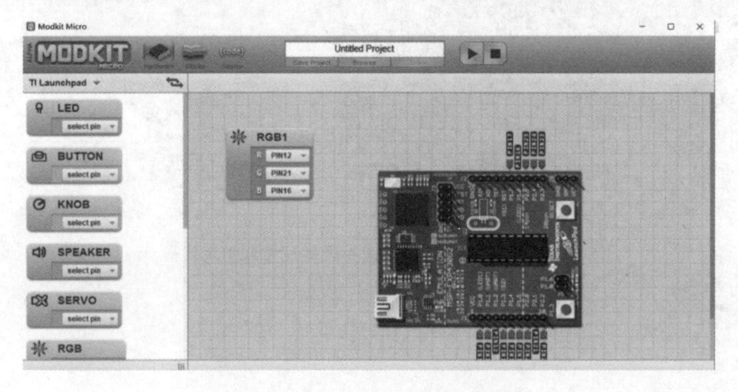

图 7.35 RGB 模块的引脚设置

③代码块编程：根据 RGB 颜色定义，可以根据小车状态控制 RGB LED 灯的颜色，参考代码块如图 7.36 所示。

④实际测试：基于上述代码，通过读取小车运行状态变量，完成功能如图 7.37 所示。当小车不能正常行驶时，RGB LED 闪红灯；当小车正常运行时，RGB 全亮，用于模拟日间行车灯显白光；当小车转弯时，RGB 闪烁点亮，用于表示黄色转弯灯。

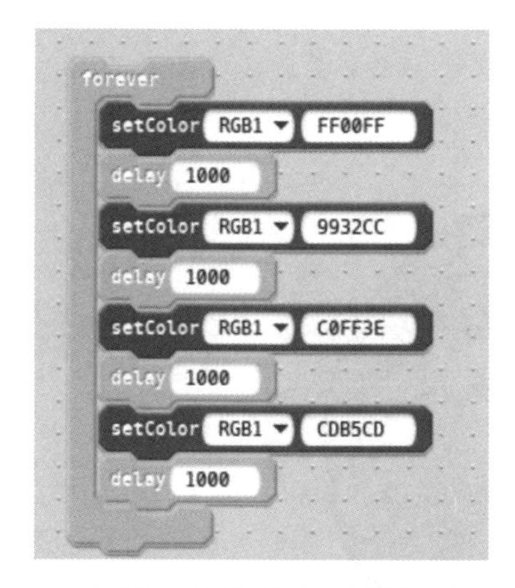

图 7.36　RGB LED 参考代码

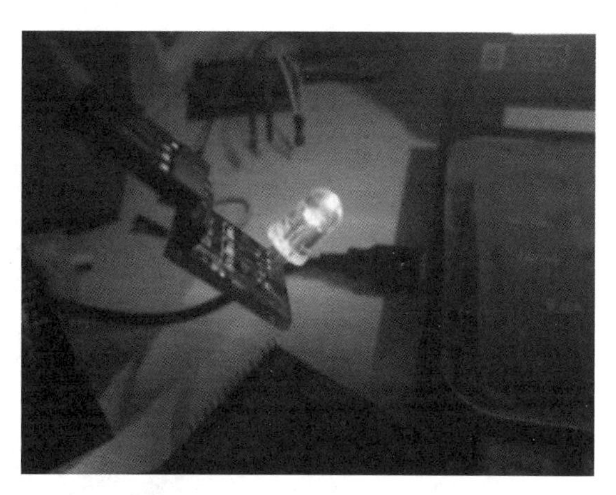

图 7.37　RGB LED 模拟汽车灯效果图

7.4　无线充电智能小车

7.4.1　设计任务

设计并制作一个无线充电电动小车及无线充电系统，电动小车可采用成品车改制，全车质量不小于 250 g，外形尺寸不大于 30 cm × 26 cm，圆形无线充电装置发射线圈外径不大于 20 cm。无线充电装置的接收线圈安装在小车底盘上，仅采用超级电容（法拉电容）作为小车储能、充电元件。

如图 7.38 所示，在平板上布置直径为 70 cm 的黑色圆形行驶引导线（线宽≤ 2 cm），均匀分布在圆形引导线上的 A、B、C、D 点（直径为 4 cm 的黑色圆点）上分别安装无线充电装置的发射线圈。无线充电系统由 1 台 5 V 的直流稳压电源供电，输出电流不大于 1 A。

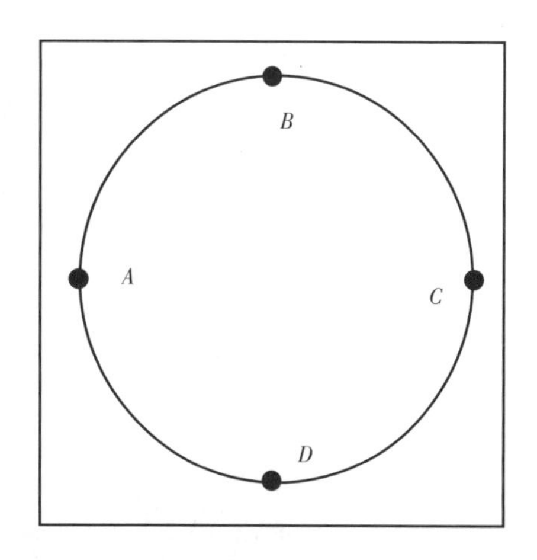

图 7.38　电动小车行驶区域示意图

7.4.2 设计目标

①小车通过声或光显示是否处在充电状态；

②小车放置在 A 点，接通电源充电，60 s 时断开电源，小车检测到发射线圈停止工作自行启动，沿引导线行驶至 B 点并自动停止；

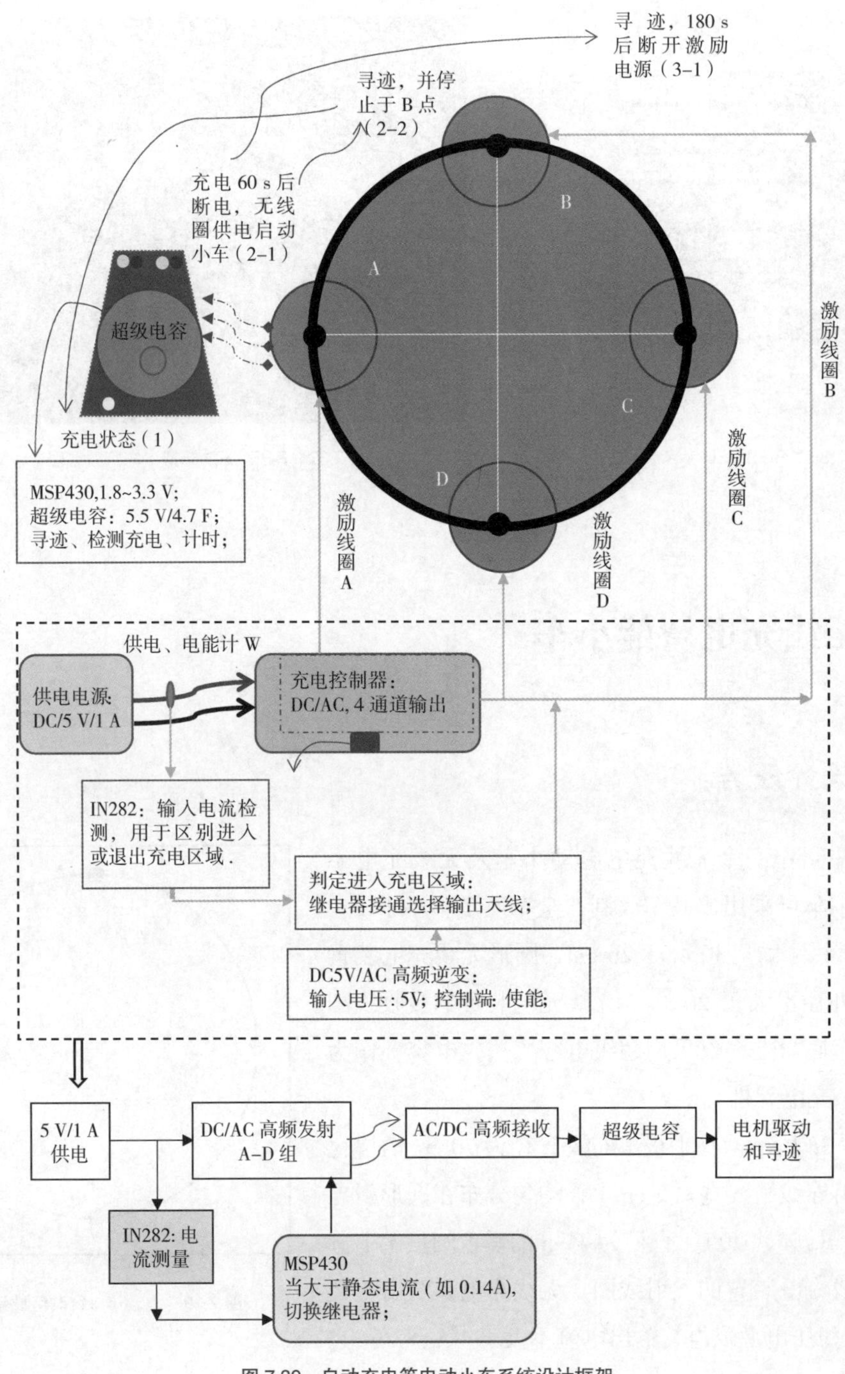

图 7.39　自动充电等电动小车系统设计框架

③小车放置在 A 点，接触电源充电，60 s 时断开电源，小车检测到发射线圈停止工作自行启动，沿引导线行驶直至停车（行驶期间，4 个发射线圈均不工作），测量小车行驶距离 L，L 越大越好。

7.4.3　设计思路与总体框架

根据任务和要求，采用低成本的手机无线充电器磁耦合方式进行无线能量充电，采用第 6 章 MSP430 小车硬件和图形化软件编程平台，设计的自动充电小车系统如图 7.39 所示。系统包括小车循迹模块、小车调速模块、超级电容充电模块、小车信息显示模块等。其中，小车循迹模块和调速模块如前面章节介绍，在此不在赘述。小车超级电容充电框图如图 7.40 所示，该系统包括两个模块，左边为安装在跑道上的发时控制模块，右边为安装在小车上的控制模块。

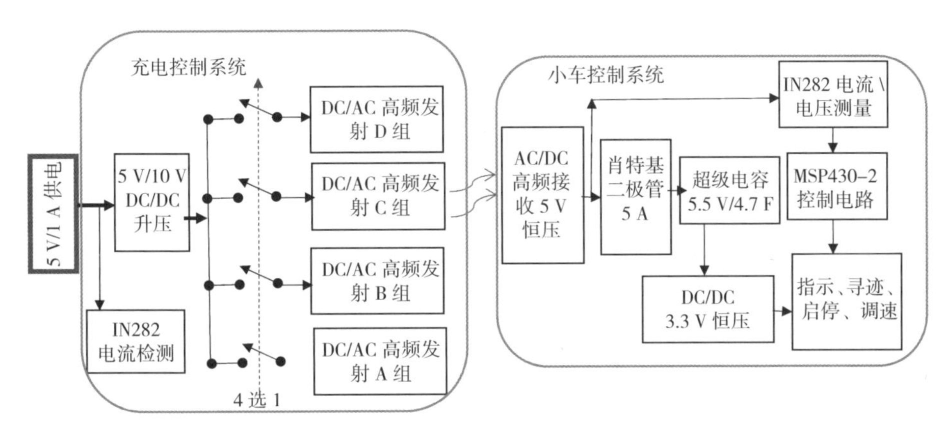

图 7.40　充电系统及其控制示意图

7.4.4　硬件制作

根据系统方框图，所用的主要材料如图 7.41 所示。

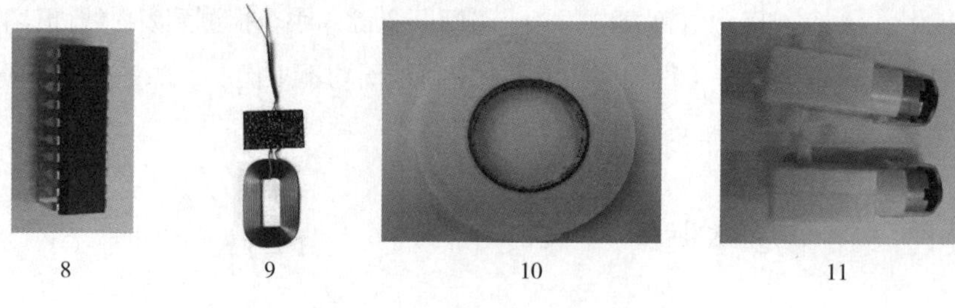

图 7.41 系统需要的主要零部件

具体硬件制作过程如下：

①制作小车：结合小车原理图、PCB 板图、元件清单以及焊接方法，获得一个可以图形化编程并且能够循迹的小车，其外形尺寸满足设计要求，即不大于 30 cm × 26 cm。

②无线充电模块：利用 DC/DC 和 DC/AC 原理，制作以 XKT-510 芯片为核心的逆变器，其中 DC/AC 发射电路原理图如图 7.42 所示。

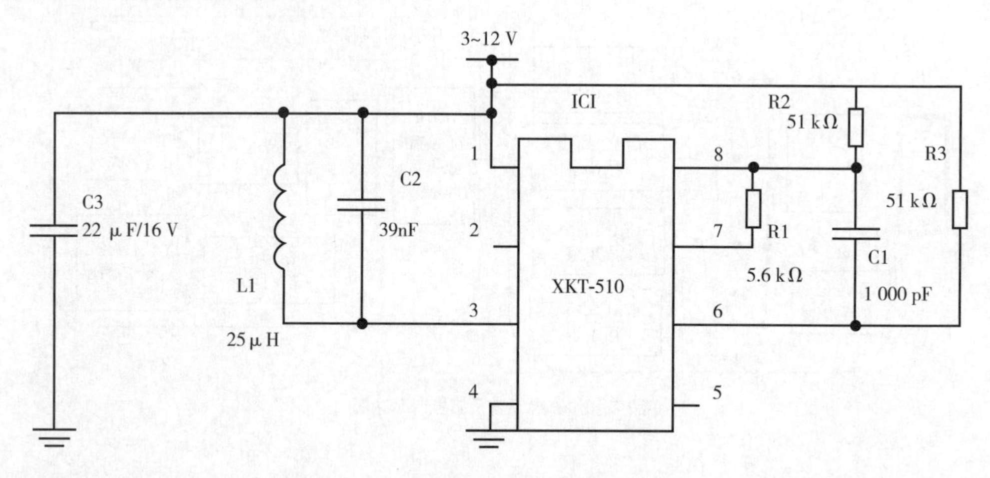

图 7.42 DC/AC 发射电路原理图

③功能模块安装：将超级电容、次级线圈、无线充电模块（接收端）、单片机、DC-DC 转换器等装到 MSP430 小车上。

④物理检查：利用天平和米尺对初步完成的硬件平台进行称重和几何尺寸测试。

获得的硬件平台实物图及其关键模块如图 7.43 所示。

7.4.5 软件设计与编程

根据上述制作的硬件平台，输入 / 输出模块与单片机 MSP430G2 端口的配置及功能分别见表 7.2 和表 7.3。

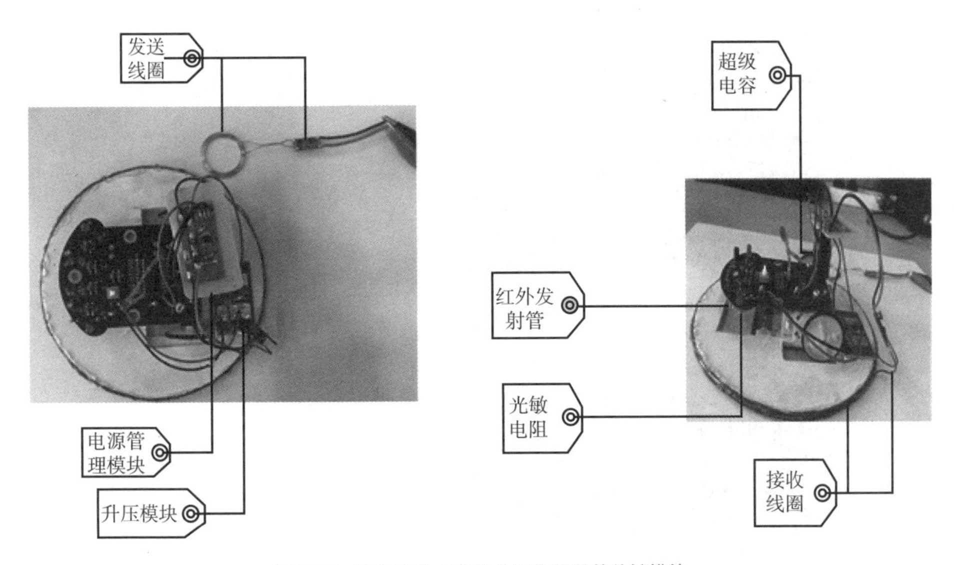

图 7.43　无线充电小车平台实物图及其关键模块

表 7.2　输出控制

输出端口	P20	P21	P22
控制对象	左电机	右电机	状态指示
功能	低电平，启动左轮	低电平，启动右轮	任务要求对 灯闪烁 1，2，3 次

表 7.3　输入检测

输入端口	P14	P15	P10	P13	P23	P24
检测对象	左光电传感器	右光电传感器	充电电流	充电电压	按钮 1	按钮 2
功能	高电平，左轮压黑线	高电平，右轮压黑线	In282 输出	无线充电稳压输出电压	1) P23=0, P24=1, 基本要求(2); 2) P23=1, P24=1, 基本要求(3); 3) P23=0，P24=0，发挥要求（3）	

利用 Modkit 代码块编程，根据按钮的三种状态组合 （P23，P24）分别进入三个子程序完成设计目标。由于图形化编程的程序与传统 C 语言程序的流程图类似，具有清晰的可读性，因此可省去常规流程。编写程序实现小车运动控制及充电控制，块代码参考程序如图 7.44 所示。

```
forever
  if analogRead PIN13 > 110
    setLED LED3 ON
  else
    setLED LED3 OFF
  if analogRead PIN10 > 550
    setLED LED1 ON
    setLED LED2 ON
    delay 40
    setLED LED1 OFF
    setLED LED2 OFF
    delay 10
  else
    setLED LED1 OFF
    setLED LED2 OFF
    delay 100
Endflag = 0
forever
  if Endflag == 1
    break
  if digitalRead PIN23 == 0
    setLED LED3 ON
    if analogRead PIN13 < 110
      time = 0
      forever
        time = 1 + time
        if analogRead PIN14 < 700 and analogRead PIN15 < 700
          setLED LED1 OFF
          setLED LED2 OFF
          delay 80
        if analogRead PIN15 > 700
          setLED LED1 OFF
          setLED LED2 ON
          delay 80
        if time > 80
          setLED LED1 ON
          setLED LED2 ON
          Endflag = 1
          break
```

Break 后面的程序如图（b）所示

（a）

```
        break
    else
        setLED LED2 ON
        setLED LED1 ON
else
setLED LED3 OFF
forever
    if analogRead PIN13 > 110
        setLED LED3 ON
    else
        setLED LED3 OFF
    if analogRead PIN10 > 550
        if analogRead PIN15 > 700
            setLED LED1 ON
            setLED LED2 ON
            delay 40
            setLED LED1 OFF
            setLED LED2 ON
            delay 10
        if analogRead PIN14 < 700
            setLED LED1 ON
            setLED LED2 ON
            delay 40
            setLED LED1 ON
            setLED LED2 OFF
            delay 10
    else
        if analogRead PIN15 > 700
            setLED LED1 OFF
            setLED LED1 ON
            delay 80
        if analogRead PIN14 < 700
            setLED LED1 ON
            setLED LED2 OFF
            delay 80
```

接图 7.43（a）后面的程序

（b）

图 7.44　充电小车参考块代码

7.4.6 功能调试

编写好程序就可以下载并在场地中进行检测与调试，上述程序涉及的一些固定值，受实际硬件平台参数影响，可做适当微调。

7.5 练习与思考

结合小车平台，利用不同传感器，编写 PID 等控制算法，提高小车跟踪的精度和响应速度。

附　录

附录 1　纸电子艺术

附录 1.1　纸电路小车

项目说明：

纸电路就是在一张普通的白纸上，搭建任何简单或复杂的电路，用导电胶代替导线，配合最普通的发光二极管等元器件制作出完整的电路。本项目利用折纸和剪纸艺术制作小车，然后将 LED 灯、扬声器等元器件模块通过导电胶带粘在纸质小车上，通过编程控制小车的 LED 灯和喇叭动作，模拟无人驾驶场景。该项目电路无需焊接，简易安全，兼具游戏性和趣味性。

制作过程：

（1）认识原材料

- 工具——导电胶带、剪刀、双面胶。
- PCB 模块——LED2 个、蜂鸣器 1 个、电池 1 块、开关 1 个，如附图 1.1.1 所示。
- 单片机——单片机模块 1 个、下载板、连接线（等价于人脑），如附图 1.1.2 所示。
- 软件——Modkit 图形化编程软件（等价于人的思维）。
- 模型——顶层、底层、电路层。

（2）剪纸

根据套件提供的小车设计图纸（附图 1.1.3），沿虚线裁剪纸电路小车的轮廓，注意黄色的纸为最底层，绿色的纸是粘贴电路的中间层，白色的纸是最顶层。

附图 1.1.1　PCB 模块

附图 1.1.2　单片机模块

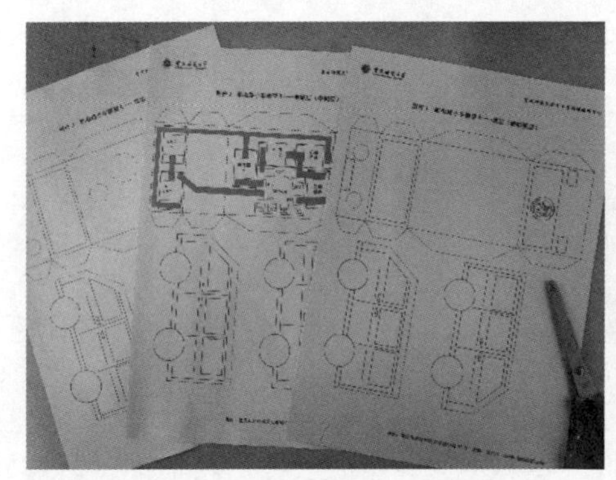

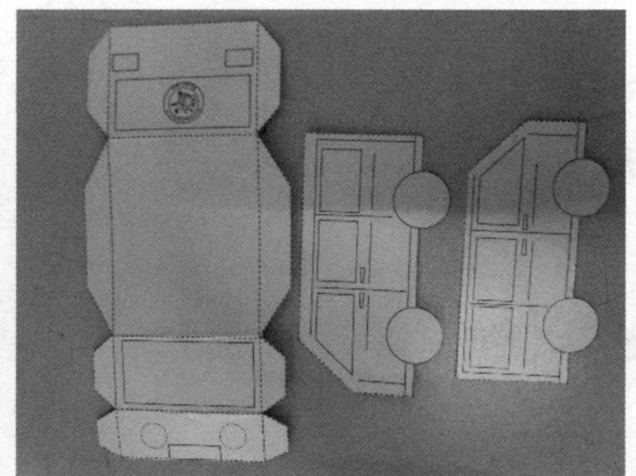

附图 1.1.3　纸质小车设计图纸

（3）折纸

先用黄色的纸沿虚线折出小车的立体模型，用双面胶将其固定好。

（4）粘贴

折出黄色立体小车模型之后，将绿色的电路层粘贴在黄色纸上面，然后将元件 PCB 模块粘在绿色电路层的对应位置，如附图 1.1.4 所示。

附图 1.1.4　纸质小车上粘贴元器件模块

（5）布线

根据绿色纸上电路图的连接方式，用导电胶带将各个粘贴好的电子元件模块连接起来，构成一个完整的电路。该步骤重点在于认识电路，理解电路的连接关系。

（6）检查

用导电胶带将电路粘贴完整后，用万用表及时检查电路是否导通，如附图 1.1.5 所示。该步骤最重要的是学习如何使用万用表检查电路是否导通。

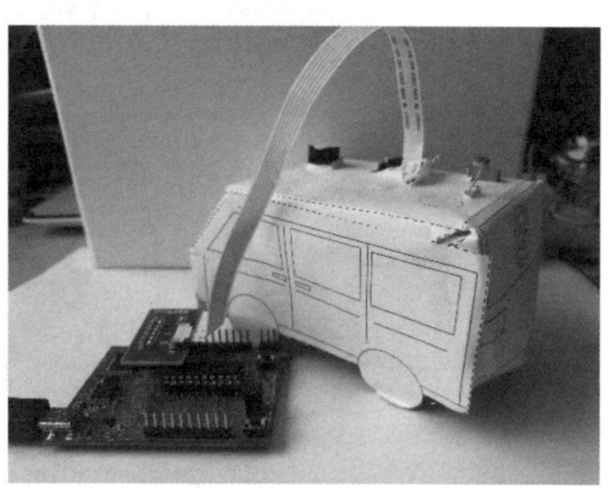

附图 1.1.5　用导电胶带连接电路

（7）装饰

检查完电路之后，整个小车就基本制作完成了，可以在小车最外层粘上一层白色的模型纸，一是可以遮住电子元件模块，二是便于在白色模型纸上发挥自己的想象力，用彩色笔在上面作画，进一步装饰纸电路小车。

附录 1.2　纸电路小车的电路图

纸电路小车相关电路图包括 MSP430 单片机原理图（附图 1.2.1）、MSP430 单片机 PCB 板图（附图 1.2.2）、MSP430 单片机端口（附图 1.2.3）以及电路元件模块 PCB 图（附图 1.2.4）。

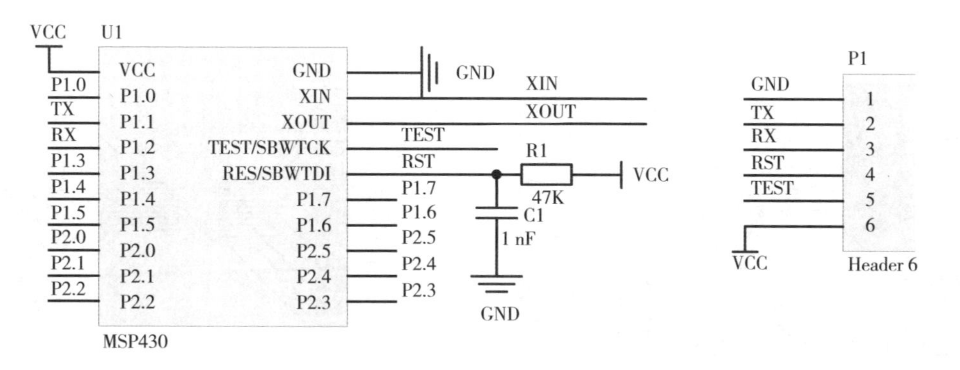

附图 1.2.1　MSP430 单片机电路原理图

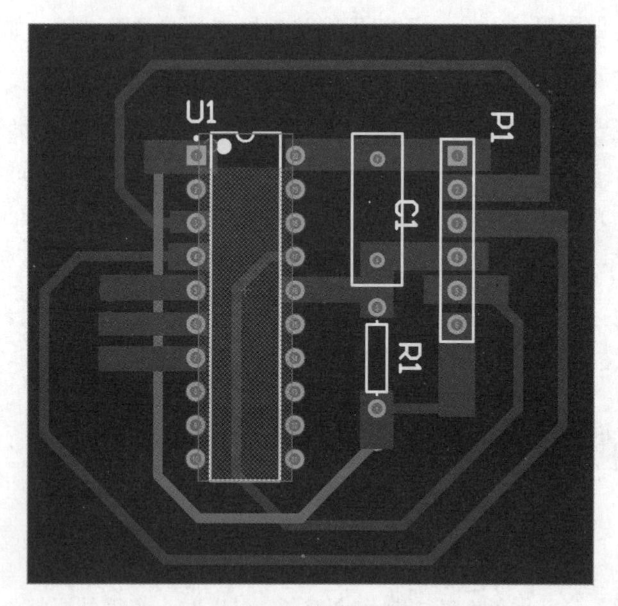

附图 1.2.2　MSP430 单片机电路 PCB 板图

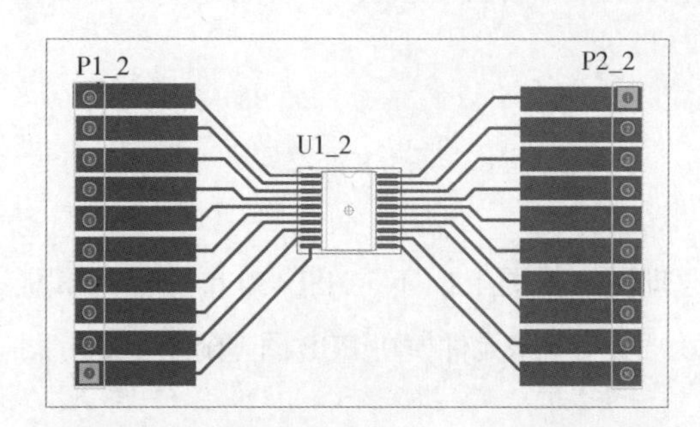

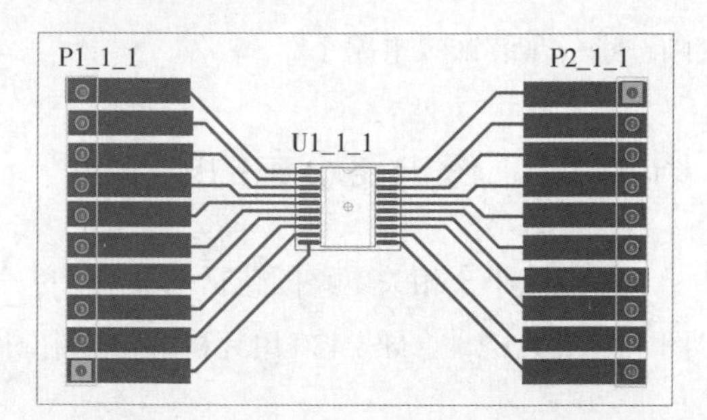

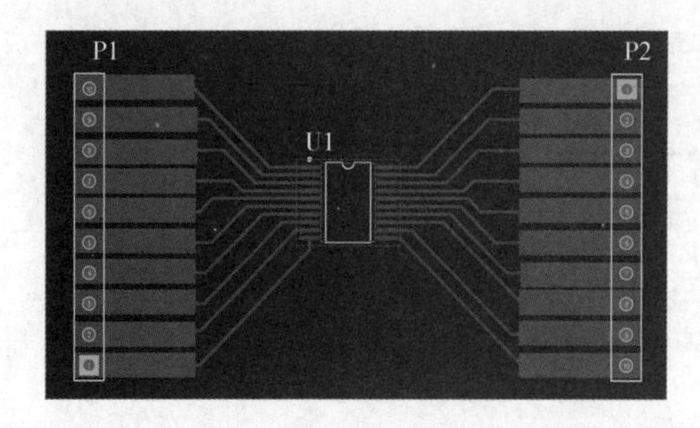

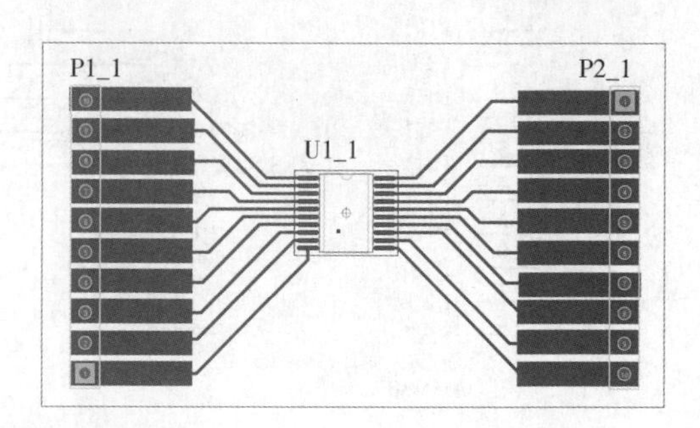

附图 1.2.3　MSP430 单片机端口

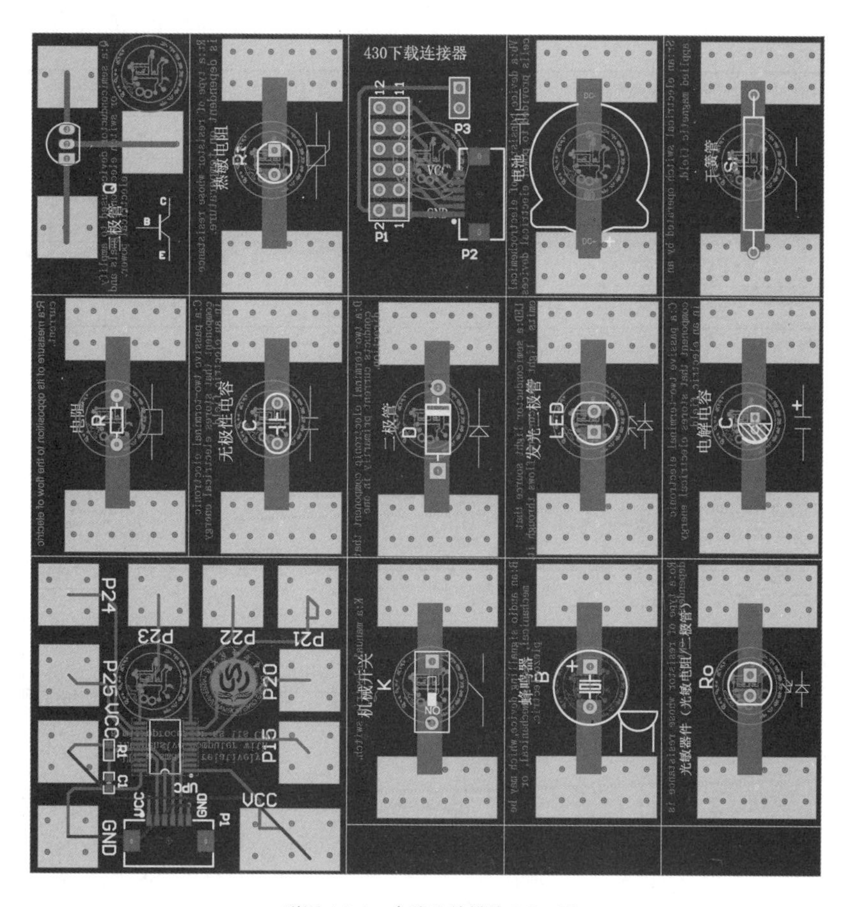

附图 1.2.4　电路元件模块 PCB 图

附录 1.3　纸电路元件清单

元器件名称及参数	数　量
小车图纸（顶层、电路层、底层）	3 张
MSP-EXP430G2 核心板	1 个
430 下载连接器	1 个
光敏电阻	1 个
蜂鸣器	1 个
纽扣电池 CR1220	1 个
发光二极管	2 个
电池底座	1 个
蜂鸣器模块 PCB 板	1 个
电池模块 PCB 板	1 个
MSP430 模块 PCB 板	2 个
发光二极管模块 PCB 板	2 个

续表

元器件名称及参数	数　量
光敏电阻模块 PCB 板	1 个
47 kΩ 贴片电阻	2 个
1 nF 贴片电容	2 个
MSP430 芯片	3 个
连接线	1 个

附录 1.4　纸电路小车模型 A——顶层

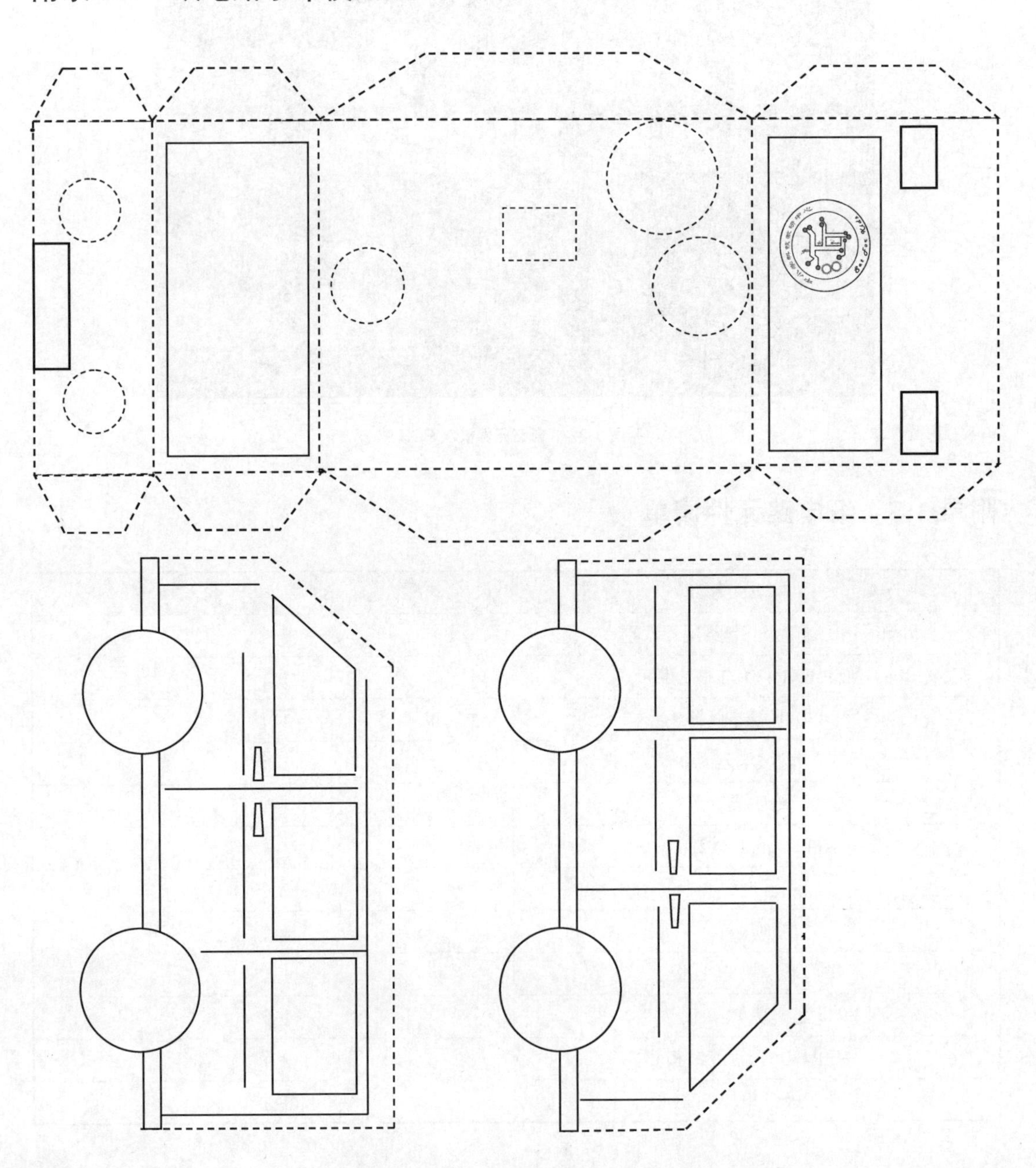

附录 1.5 纸电路小车模型 B——电路层（中间层）

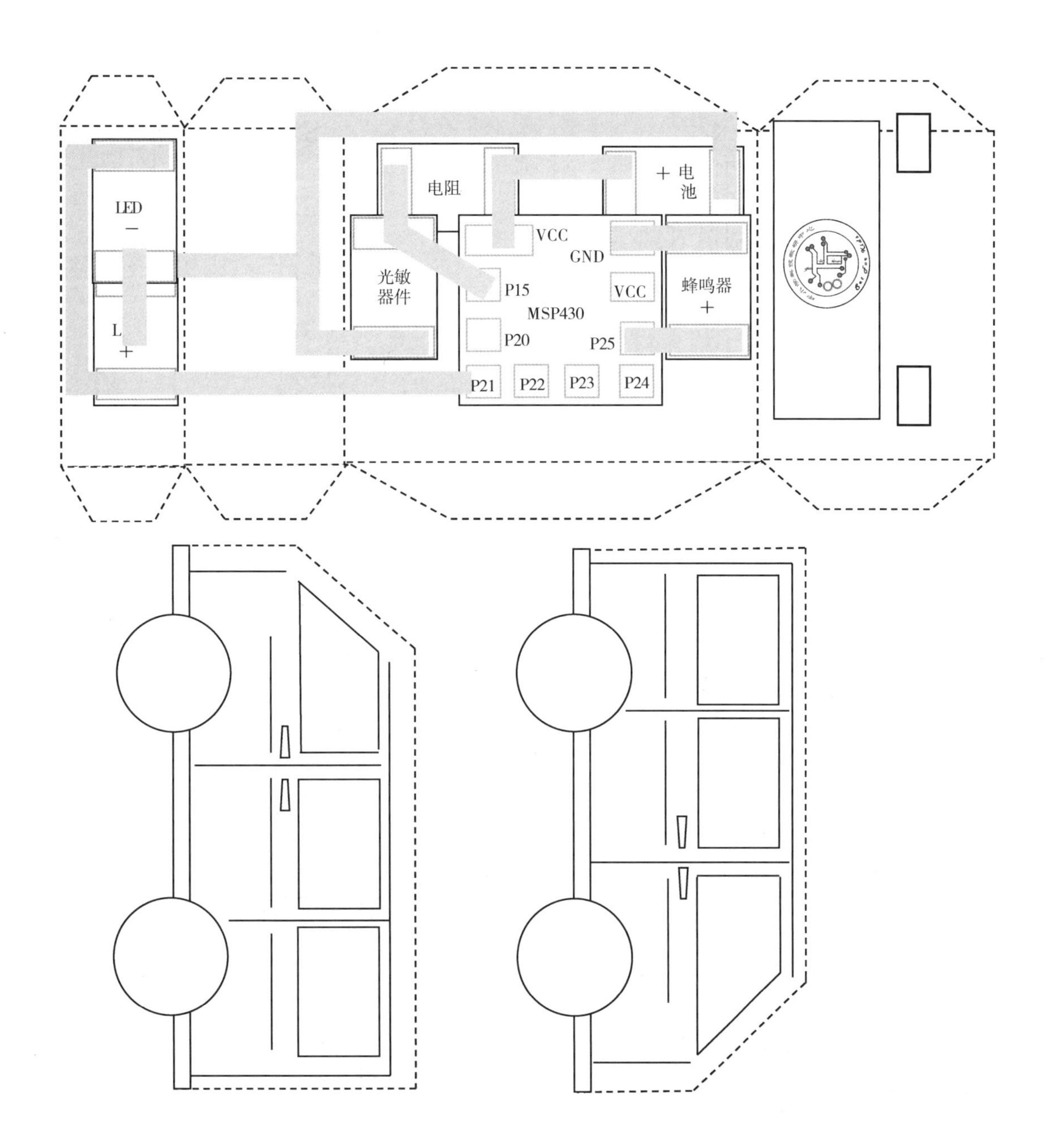

附录 1.6　纸电路小车模型 C——底层（硬纸板层）

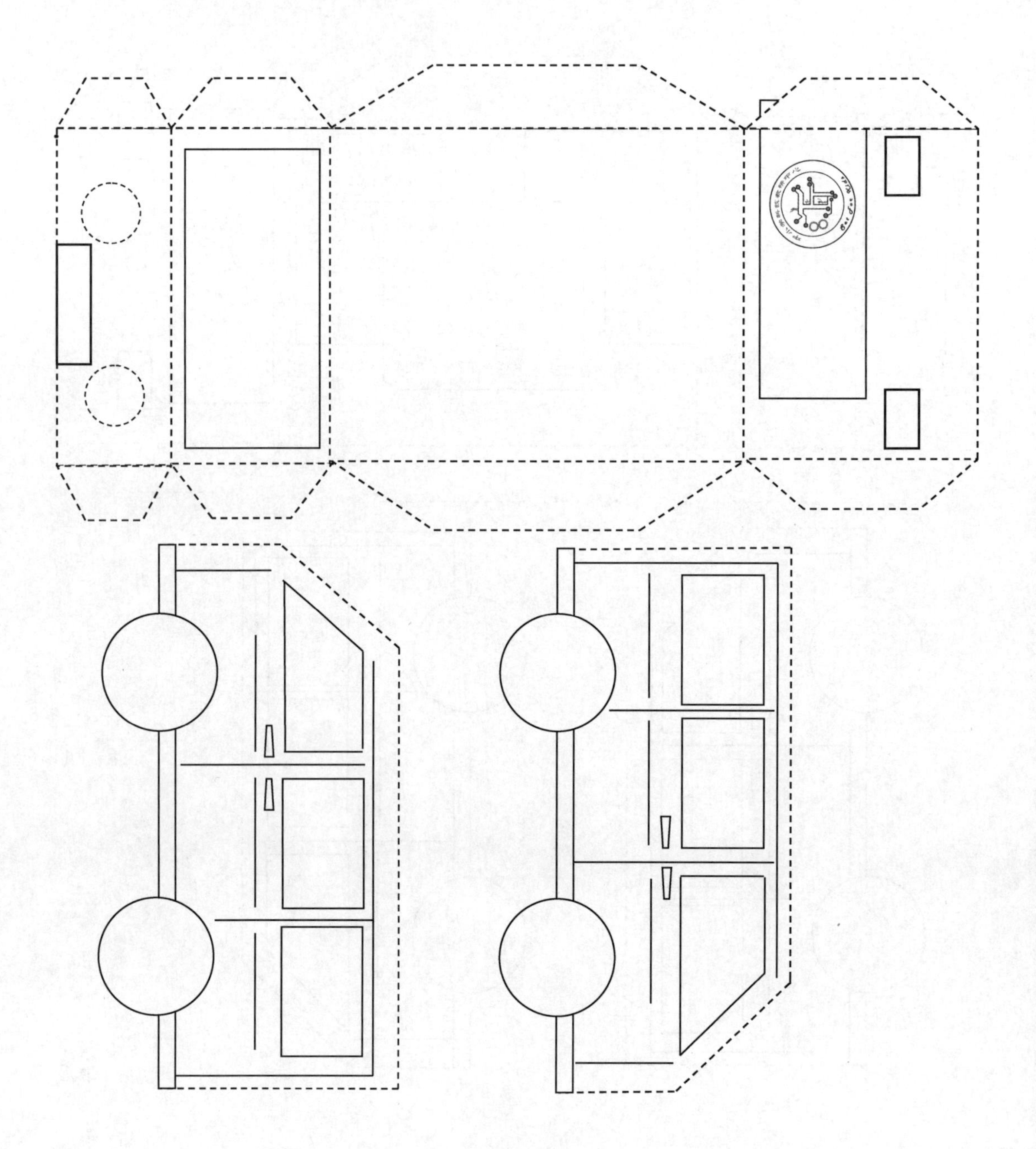

附录 2　PCB 电路

附录 2.1　PCB 小车

项目说明：

无人驾驶汽车是通过车载传感系统感知道路环境，自动规划行车路线并控制车辆到达预定目标的智能汽车。它利用车载传感器来感知车辆周围环境，并根据感知所获得的道路、车辆位置和障碍物信息，控制车辆的转向和速度，从而使车辆能够安全、可靠地在道路上行驶。本项目旨在使零基础的中学生可以独立完成智能化 PCB 小车的制作，熟悉传感器使用和电机控制等知识，并在这台小车上学习 AI 的基本原理和基本编程技术；进一步掌握图形化编程，控制小车逐步完成迷宫行走、循迹等多种任务。学生还可以自行设计并验证自己的算法，制作一台实现自己想法的自动驾驶小车。

科技制作：

（1）整理并认识原材料，如附图 2.1.1 所示。

（2）根据原理图，将电子元件焊接在 PCB 板标注的相应位置，注意先焊小元件，再焊大元件（附图 2.1.2）。

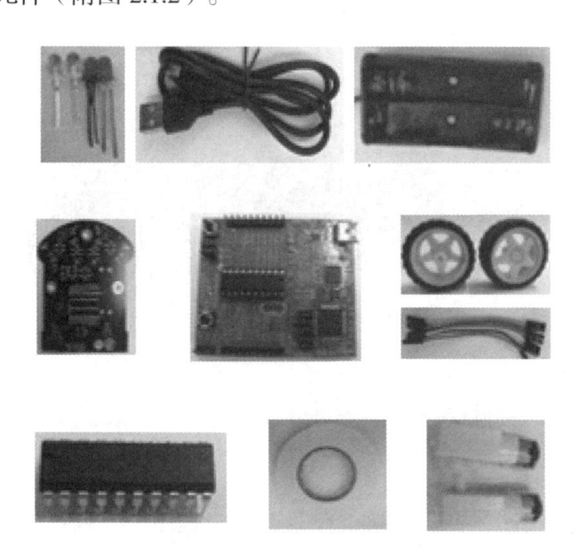

附图 2.1.1　原材料

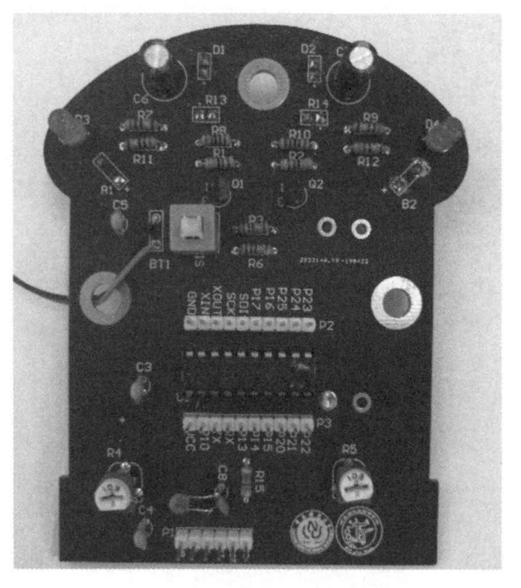

附图 2.1.2　PCB 小车电路板

（3）把车轮安装在电机上，车轮朝向 PCB 板外侧，用双面胶将电机固定在 PCB 板的边缘处。

（4）先取两根导线焊接在电机的引脚接口处，再将导线的另一头与 PCB 板对应孔 B1、

B2 焊接，靠近 PCB 板的导线接 B1（B2）的“+”极。

（5）先将电池盒上的红色导线接 BT1 的“+”极，黑线接“-”极，再用双面胶将电池盒固定在两个电机之间，然后将电池装进电池盒中。

（6）将螺丝钉安装在小车正前方的圆孔里，起支撑作用。

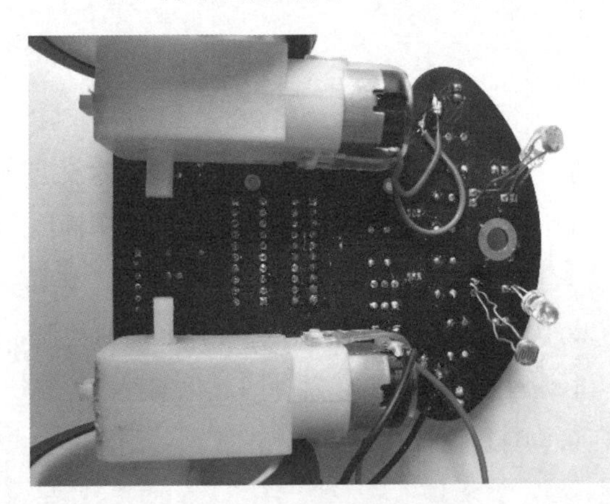

附图 2.1.3　PCB 小车电子元件焊接

（7）将电路板和单片机上的对应引脚用导线连接，如附图 2.1.4 所示（连接方式：单片机上的 VCC、TEST、RST、RX、TX、GND 与小车上的 VCC、TEST、RST、RX、TX、GND 接口对应连接）。

附图 2.1.4　PCB 小车与单片机连接

（8）用 USB 数据线将单片机与电脑接口相连，打开 Modkit 软件，编辑程序，下载到单片机，即可实现相应的功能。

附录 2.2　PCB 小车原理图

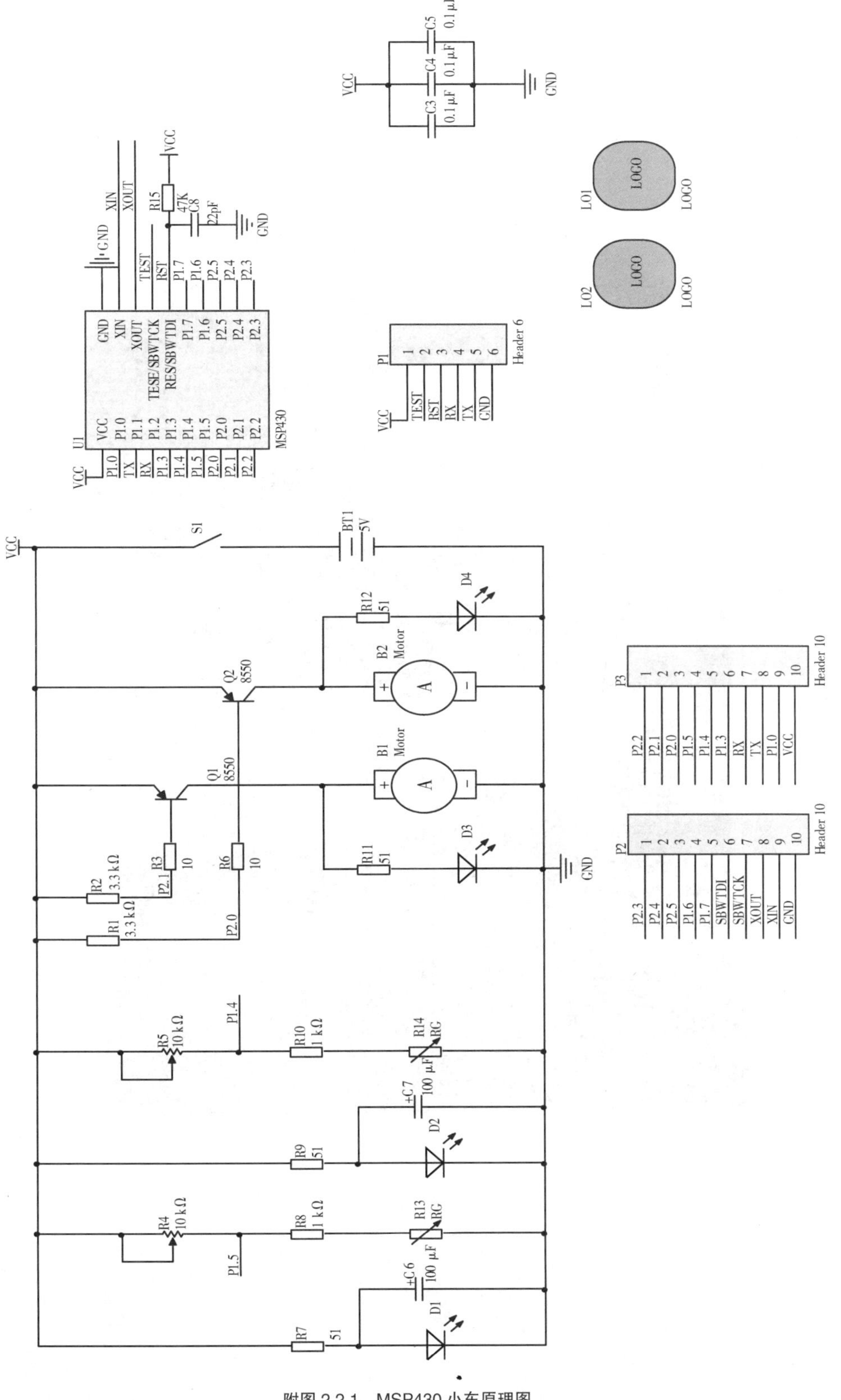

附图 2.2.1　MSP430 小车原理图

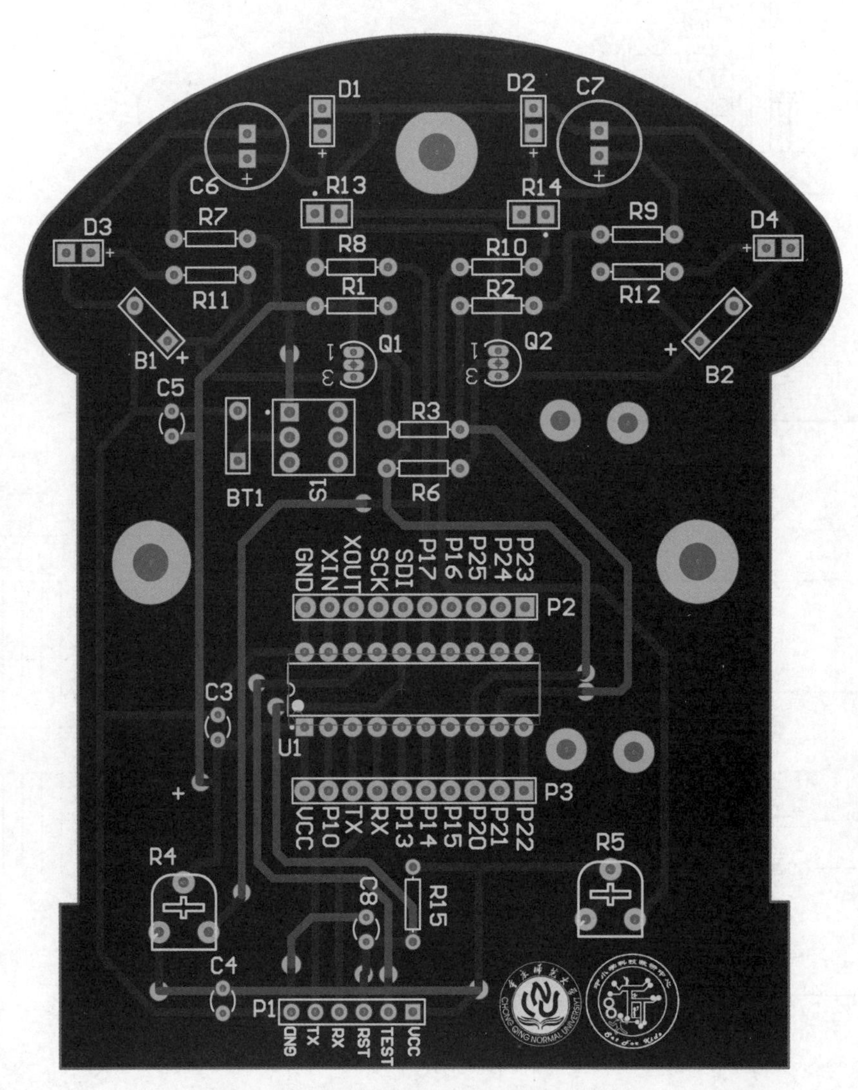

附图 2.2.2　MSP430 小车 PCB 的安装图——顶层

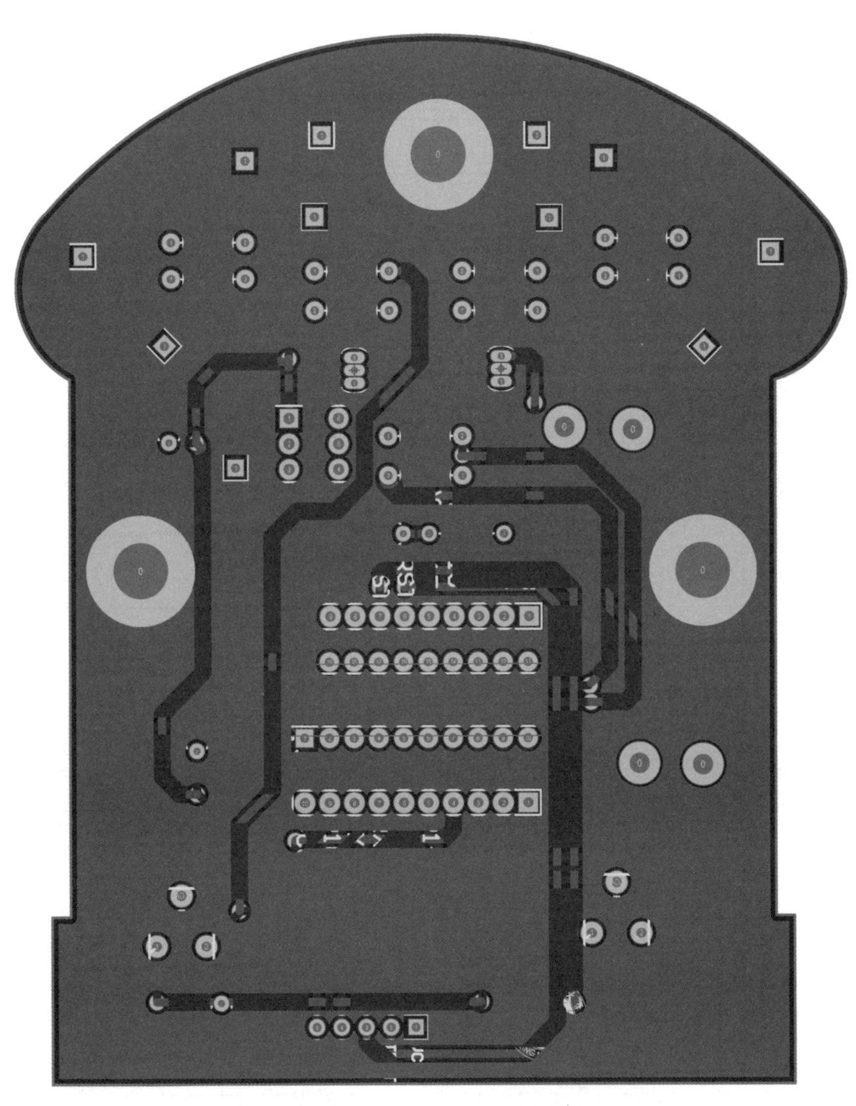

附图 2.2.3　MSP430 小车 PCB 的安装图——底层

附录 2.3　PCB 小车元件清单

元件名称	元件符号	元件参数	数　量	备　注
金属膜电阻	R1、R2	3.3 kΩ	2 个	插件
	R3、R6	10 Ω	2 个	插件
	R7、R9、R11、R12	51 Ω	4 个	插件
	R8、R10	1 kΩ	2 个	插件
	R15	47 kΩ	1 个	插件
滑动变阻器	R4、R5	10 kΩ	2 个	插件
光敏电阻	R13、R14		2 个	插件
发光二极管	D1、D2		2 个	白色
	D3、D4		2 个	红色
三极管	Q1、Q2		2 个	8550
电机	B1、B2		2 个	
直插瓷片电容	C3、C4、C5	0.1 μF	3 个	插件
直插电解电容	C6、C7	100 μF	2 个	插件
直插瓷片电容	C8	22 pF	1 个	插件
电源	BT1、BT2	1.5 V	2 节	7 号电池
按键开关	S1		1 个	插件
排针	P1	Header6	1 个	插件
	P2、P3	Header10	2 个	插件
车轮			2 个	
支柱			1 个	螺钉或木筷
PCB 板			1 块	
排线	5 口		1 根	
芯片	U1		1 块	MSP430G2553
杜邦线			7 根	
白色泡沫双面胶		4 cm	4 节	

参考文献

[1] 谭浩强 . C 程序设计 [M] . 4 版 . 北京：清华大学出版社，2010.

[2] 郑剑春 . 用 Modkit 玩 VEX IQ [M] . 北京：清华大学出版社，2015.

[3] Ray P P. A survey on visual programming languages in internet of things [J] . *Scientific Programming*, 2017.

[4] TI 公司 MSP430 数据手册 .

[5] Modkit 可视化编程软件 .

[6] Qi J. The fine art of electronics: paper-based circuits for creative expression [D] . Massachusetts Institute of Technology, 2012.

[7] 刘少山 . 第一本无人驾驶技术书 [M] . 北京：电子工业出版社，2017.